狗狗心事誰人知

心輔系教授的觀察筆記

WHO KNOWS
WHAT THE DOGS
WANT

邱珍琬―著

自　序

　　早期的行為主義學派把自動物身上所做的研究結果，運用在人身上，雖然在後來受到許多攻擊，認為人類是萬物之靈、不可以用動物的理論來套用，但是在現代社會，許多動物已經成為人類的寵物，許多養寵物的主人都會發現：其實動物也有心靈層次的需求，而且許多行為背後都有動機存在。尤其將寵物視為家中一份子或是子女的主人們，更是常常就把寵物當成一般人或是小孩在對待，在不養寵物的其他人眼裡，也許會被視為「異類」，但是也說明了人與動物之間存在多樣化的關係！

　　近年來美國將狗與其他動物介紹到養老院、少年所、孤兒院與心理治療的領域，以動物與人的關係為基礎來協助人活出更好的生活，已經獲得相當的成效。狗不僅是人類的好朋友，也可以協助人類的心靈復原，甚至可以讓我們學到許多的生命經驗與意義。

　　我一直很想寫一本有關狗狗故事的書，後來只實行了一陣子─發表童話故事。我們養狗多年，不僅在寵物身上學會許多人生道理與溫情，也看到了許多心理學的運用與發展，在上諮商理論課程時，偶而也以狗狗的故事穿插其中，同學聽得興致盎然，也看到理論在實際生活中的運用。因此我興起了以狗狗為主角的寫作念頭。與坊間的狗狗故事不同的是：我希望可以在與狗狗親密接觸的經驗故事裡，詮釋心理學的一些理論與現象，看到人自狗身上所獲得的學習。

　　本書的出現全拜我們的狗狗夥伴之賜，他們在我們的生活中佔了舉足輕重的地位，除了教導我們許多育狗之道，更重要的是我們也自他們身上學會了許多寶貴的人生經驗與智慧。狗狗們在我們的生命中佔了一席重要地位，更是陪我們成長的好朋友。雖然我們也曾經因為不懂得照顧狗，讓一些狗狗無辜遭遇到許多磨折，但是我們也慢慢地學會去照顧、

疼愛他們。我們在狗狗身上學到了許多愛與人性，他們的忠貞與陪伴，讓我們明白付出是可以無條件的，愛就是留給生命最好的註腳。

我們以狗為師。

目　次

狗狗也有
不同個性

高貴不貴

　　雄雄的高貴是天生的，我們沒有特別訓練他什麼，但是
他的表現卻讓我們不得不相信許多動物（包括人類）都擁有
天生的氣質。

　　我們養雄雄的時候，根本不知道有狗狗專用的食物，當
然經濟情況也不允許，我們吃什麼、狗狗就跟著吃什麼，即
使是簡單的菜瓜湯泡飯，雄雄也吃得津津有味！阿公還發現

雄雄很珍惜食物，只要是碗裡的食物，他都不捨得丟棄，主
人拿著掃帚要掃地，一靠近雄雄的碗，他就會發出低鳴的威
脅聲、全心護衛他的食物，接著就以很快的速度把碗裡剩餘
的食物吃光光！有時候食物都發臭了，雄雄還是一股腦兒吃
完，讓人真的不忍心！說雄雄是最不挑食的狗，一點也不為
過！不管餵什麼，他都不會嫌棄，而且十分捧場，總是吃得
精光，因為他是跟我們同甘共苦長大的好夥伴，知道家裡的
經濟不佳，當然也就惜物如金。

我們沒有特別教雄雄一些規矩，但是他卻有自己的原
則，包括不隨便吃陌生人給的東西。有一回帶他去大學校園
附近，一位學生覺得他很漂亮、正好又剛買了剛出爐的麵
包，於是就放了一個在旁邊叫雄雄吃，雄雄只是看了麵包一
眼、沒有接下來的行動，後來學生還親手拿到雄雄面前，雄
雄還是不為所動，學生還問我們雄雄是不是不吃麵包？我
們搖頭道：「他什麼都吃，就是不吃主人以外的人給的食
物。」「真是一隻有修養的狗！」這位學生後來讚嘆說。其
實我們也不能居功，這是雄雄自己的決定。就連當初將雄雄
從花蓮帶上來的時候，我跟阿公搭火車，雄雄及書是以貨車
載運，從蘇花一路北上，駕車的司機半途停下來用餐，順便

也給雄雄買了一份，但是雄雄就是不吃，也因為他待在鐵籠內，四隻腳因為用力抓握，後來都受傷流血，但是卻未聽到他的哀鳴，司機先生們都很訝異：「你們的狗真的很棒！」

　　儘管雄雄吃的都是軟性的食物，但是他的牙齒卻好得出奇，可能的原因之一是他不吃正餐以外的零食，其實他的正餐也是一天只有一餐而已！雖然雄雄給人的感覺是吃飯隨和、行為有素，但是我們發現他有一個很堅持的原則，就是要摸他，只能用手摸，不能用其他的方式。每當有人想用腳去觸摸他，他就以迅雷不及掩耳之勢反口咬人，屢試不爽！我們這才真正相信他的確有格調、而且很高貴！

天下第一優雅的狗
——雄雄

　　雄雄有席洛帝的血統，全身的毛色很漂亮、個子也很高大，他連坐姿都跟一般狗不一樣─兩手交叉在前面─非常優雅，仔仔手腳都短、沒有辦法依樣畫葫蘆，但是中中卻也學習到了這個姿勢。不過我們知道雄雄是一隻內外如一的狗，不像中中還有一些「不良」的習性。

毛小孩的心裡祕密

　　儘管雄雄對待家人的態度都是一視同仁，但是他對大妹卻特別有敵意，平常如果大妹回家，他也只是盡了狗狗的基本「義務」、跑去歡迎一下，但是其他時候卻不會主動靠近大妹，而一旦大妹向其示好，雄雄的態度是很生氣，這一點真是令人納悶不解！後來我們推測，可能是因為雄雄小的時候大妹就已經北上唸書，所以沒有機會跟雄雄建立起「依附」的關係，後來大妹也沒有「積極經營」與雄雄的關係，怪不得雄雄不同大妹親了！

　　這一點也反映在人類的親子關係上，也就是幼小時與照顧人之間的關係，奠定了以後與其他人的互動品質，這就是「依附關係」的基本立論；雖然照顧人的品質很重要，但是

也有研究證明即使在生命最初時沒有建立好高品質的關係，也可以在日後作補救，當然所花費的心力要更多！

附近一個鄰居在發現狗狗長大、孩子不喜歡之後，就將狗狗丟棄，沒想到狗狗自己找回來了，守在大樓門口入口處，不吃不喝，見到原主人就非常興奮去迎接，但是主人卻惡言相向、甚至踢打，狗狗依然不放棄，唯一的就是希望可以回到原來家庭，結果狗狗後來看到主人是又愛又怕，那種想靠近卻又怕受傷害的矛盾溢於言表，讓人看了心酸！

這麼經過兩週之後，狗狗就不見了蹤影，鄰居看到很感慨！這就如同我們看到許多被虐待的孩子，即使父母親不愛他們、不照顧基本生活所需，依然希望可以得到雙親的愛、與之共同生活一樣，依附是一種歸屬、愛的需要表現，也是建立自信、對人信賴的重要因素。

同理與愛

義犬救友

雄雄最為我們懷念的事蹟就是他奮不顧身、拯救小狗仔仔的事。當時仔仔才來我們家不久，只有六個多月大，雄雄本來對於自己的地位被剝奪有怨懟，因為雄雄一搬來台北，就發現自己不是「唯一」的寵物狗，心裡自然有點不平衡，何況還看到主人們似乎比較寵愛仔仔。雄雄起初對仔仔真的是惡眼相向、動輒就吼仔仔，表現了他的極度不友善；

但是時日一久，雄雄對仔仔的態度就有了一百八十度的大轉變，他不僅善待仔仔、而且視仔仔若己出（雖然雄雄是「雄」的）！連別人不能靠近的狗碗，仔仔竟也可以與他「共享」一杯羹！我們看到這個情況，除了知道雄雄的本性良善、佩服他的偉大胸襟之外，也明白了仔仔的確不只是一隻「people dog」，還是一隻「dogs dog」，就是有「人」緣、也有「狗」緣的狗！

這天帶雄雄與仔仔去田間散步，因為春稻將播，田裡是滿滿的水。突然仔仔這隻沒見過市面的狗就追著一隻白鷺鷥跑，身材短小的仔仔一下子就陷入田裡的泥淖中，他開始緊張、想要上岸，卻不是往田埂的方向走，而是朝向更深的田中央，我們喊他，他因為太緊張了，也沒有聽從，雄雄也開始吠叫、而且沿著田埂跑，好像是告訴仔仔注意、希望仔仔「回頭是岸」，眼看仔仔漸行漸遠，我們急得都快哭出來了，卻見雄雄一躍而下田間，朝仔仔的方向走去，他自己也深陷其中了！我們在田邊看雄雄步履維艱、一面走一面吠，終於仔仔好像接收到了他發出的訊息，朝雄雄的方向走來，最後兩隻狗狗都安然抵達田邊！旁邊不知何時圍觀了一群人，大家竟然不約而同鼓掌叫好！我們看到兩隻髒兮兮的

狗，再也顧不得什麼了，只是緊緊抱著他們！

　　這是雄雄救仔仔的故事，而仔仔也沒有忘記雄雄的恩惠，後來也找到機會回報雄雄對他的義氣。那一陣子，雄雄發春，我一時不察，帶他們出門散步時沒有套上鍊子，結果走我們熟悉的山路時，雄雄就突然脫隊走開，我還以為他只是去追水鳥或什麼動物、也沒有特別在意，反正認為他一會兒就會回來。可是過了一陣子依然沒有看到他出現，就開始緊張了！我先帶仔仔去附近找，一邊喊雄雄的名字，但是找到天黑都不見雄雄的蹤影，於是我們先打道回府，也順便告訴家人雄雄失蹤的事。大家立刻分頭去找，阿爸說應該是雄雄發春了、跟母狗跑了，一時之間很難找到。

　　第一天大家都找到很晚，每個人都累乏乏地回來，最擔心雄雄遭到不測。翌日，我與阿爸分頭去找，我帶著仔仔，因為仔仔是狗，有很敏銳的感官，也因為他一直是很好的「斥候」，平日散步時都扮演著讓大家歸隊的查哨角色。我們從雄雄走失的地方開始找，我還告訴仔仔要把雄雄找回來。我們兩個邊走邊喊雄雄的名字，後來仔仔彷彿聽到什麼，就領著我往山丘上跑，結果跑到半山腰的地方，看到雄雄這隻狗「坐擁」眾多嬪妃，正在朝我們走來的方向看，仔

仔一下子就衝上去吼,好像在跟雄雄交談,我接著就在雄雄
不注意之時,一把抱起他,然後慢慢往山下走。雄雄找回來
了,仔仔居功厥偉,我們自然免不了要犒賞他一番,嘉勉他
的努力,而仔仔還是一樣,跟雄雄很親。

痞子就是這樣!
（中中在前,背
後是仔仔）

毛小孩的心裡祕密

知恩圖報不是人類的專利，相反的在其他動物身上發現更多！雄雄與仔仔的情誼，我們若不是親眼目睹，根本不可能相信。

狗狗之間也有溝通的，只是我們聽不懂，看到雄雄在田埂上的緊張模樣，我們可以深刻體會他對仔仔的用心（雖然他們都是男的），尤其在危急時候特別顯現出來。而雄雄可以壓抑他的「原始慾望」（發春），願意跟我們一起回家，這在一些長輩的眼裡真是「神」的表現，何況仔仔與我在現場看到的「女」狗不只四隻哩，雄雄可以克服這些誘惑，也展現了他的與眾不同，尤其是他的英勇救仔仔，還博得現場觀眾的稱讚與驚呼，可見人性與獸性也有共通、美麗的地方。

有時候我們看到太多的社會新聞都曝露了許多人性之惡，但是我也想到了許多人性的善意沒有被揭發闡揚，是因為觀眾「嗜血」？還是傳播媒體希望藉此拉高收視率？看到雄雄險救仔仔這一幕，以及仔仔找回雄雄的情景，我相信善意比惡行更能激發人性的光明面！

拋棄創傷

失婚記

　　有一回帶雄雄去散步，一對年輕夫婦特意走過來，說他們家也有一隻純席洛帝的女狗，希望可以跟我們家的雄雄結姻緣，所以我們就約定某個週末下午，由我帶雄雄去對方家作客。雄雄第一次看到那隻狗，也很新鮮，只不過也表現出了些微的不安。我們認為這很正常，因為是陌生的環境，後來雙方「家長」覺得「當事人」對於彼此好像還有好感，於

是就約好下個禮拜讓他們「拜堂成親」。約好的時間到了，我就帶著雄雄去「女方」家，但是把他們兩個當事人放在陽台上一個多小時了還是沒有任何動靜，我出去察看了一下，雄雄一下子就撲過來，好像好久不見的興奮模樣！

因為女方「家長」對於雄雄這個女婿很中意，我也願意玉成這件好事，所以我把雄雄留在女方家，讓他們兩造可以有更多時間相處培養氣氛。第二天下午，「女方家長」要我去把雄雄接回來，雄雄看到我拼命興奮狂叫！女方家長說，雄雄在我離開之後好像失魂落魄，不僅不吃東西，還趴在陽台上一直哭，當然也沒有圓他們的洞房！我想到雄雄有分離焦慮的經驗，也許正是不忍與主人分離才會出現這種反應。我當然無法解釋給雄雄為什麼棄他一天的原因，至少他又回到家了，不再焦慮。後來再碰到這隻女狗的主人，他們還是覺得遺憾，也提到雄雄在他們家那一天的表現，他們說雄雄很有教養、也不會隨便叫，只是情緒一直很低沉。我才告訴對方雄雄有分離焦慮的恐懼，他們可以諒解。

我們對於把雄雄獨自放在一個陌生人家的事一直覺得很愧疚，也許他認為我們像他母親一樣拋棄了他，所以他也覺得心情鬱卒吧。記憶中，雄雄好像就這麼讓我們「做媒」過

一次，但沒有成功，後來他自己在散步途中跑去幽會，也許他已經有了自己的下一代。之後雖然還是有一些狗主人對雄雄興趣濃厚，我們也沒有再讓雄雄離家去做結婚的動作，因為知道他會擔心、會想念我們。當然我們也覺得像雄雄這麼優秀的狗，沒有讓他留後真是有點可惜！

雄雄喜歡守在門邊

毛小孩的心裡祕密

雄雄的分離焦慮由來已久，可以溯自他在老家花蓮的時候開始，在他出生三個多月時，雄雄的母親凱莉就被我們老爸送走，接下來連著幾年，我們這些孩子一個個離家負笈外地，雖然我是第一個畢業後回家鄉工作的孩子，但是看到小主人一個個離開，對雄雄而言也許是個太沉重的負擔！我記得我回鄉任教那一年，小妹還在唸高中，家中加上老爸就只有三個人。為了怕雄雄走失，我們只好鍊住他，所以他的活動範圍只有一鍊之長，旁邊可及之處只有飯碗與水碗，有時候尿急了，又等不到我們回來，就只好在活動範圍附近解決，因此我們每天回來的第一個動作就是帶他去菜園「大號」，雄雄的動作都很緊張，可見他是忍了多久！雄雄去菜園便溺的習慣也是源自他母親凱莉的教導，習慣一旦養成就不容易更改，所以雄雄堅持不在鎖鏈可及的範圍附近便便就是他修養的表現。直到有一天，我因為學校月考提早回家，目睹一群附近的小朋友在聯手欺負雄雄，雄雄一直逃、但是因為被鎖鏈限制，也不能逃太遠，我才恍然雄雄的分離焦慮

其實也是擔心不安全的表現。斥退了那些尚未具備同理心的
小朋友之後，我慢慢能夠了解雄雄，也能夠痛到他的痛。

哀傷與失落

最後一幕

雄雄在八個手足中是最幸運的，因為他跟母親凱莉一起
生活了三個多月的時間，其他狗兄弟都是在出生不久就被送
走，後來凱莉被老爸送給一位獸醫，雄雄也失去了相依為命
的母親。

雄雄跟著我們十四年，從花蓮到台北，後來是因為我沒
有拴鍊子、帶他出去看獸醫，才枉送了他一條命！當時是晚

上，我要帶雄雄去補打麻疹的預防針，但是因為以往帶雄雄出去散步是不用鍊子的，他都很聽話，而且交通沒有這麼複雜，所以他也會乖乖跟在我們身邊，但是這次因為已經有一段時間沒有這樣帶雄雄出去了，而雄雄也不知道外面的世界已經有很大的變化，所以他很興奮地掙脫我的掌握，悶頭衝出巷口，正好跟一輛速度很快的機車做九十度的對撞，雄雄被衝得老遠，而且是當場死亡。我一開始並不知道，因為我先跑去看摔下來的機車騎士的傷勢，後來是騎士提醒我狗呢？我才去找雄雄，發現他已經因為衝撞的力道，被拋在十公尺之外，靜靜躺在那裡。我抱起雄雄，發現他仍然睜著眼睛在看我，但是我沒有發現他已經沒有呼吸，當我發現手中抱著走的雄雄好像越來越沉重時，就一直呼喊他的名字，但是他的眼光無神、舌頭已經伸出，我在大街上放聲哭喊、悲痛欲絕！

　　那時我與大妹兩個人因為意見不合，已經有好一陣子不說話在冷戰。因為雄雄太重了，我就先把他的屍體放在路邊的一處空地，然後回家想辦法怎麼安置他。我一進門，大妹就問我：「雄雄呢？怎麼沒有跟妳回來！」我的眼淚就止不住如雨下！我們三個人一起把雄雄的遺體抬到附近的小丘

上、挖了洞把他埋起來。

　　雄雄陪我們走過生命中最為動亂的一段時間，家庭的不合、母親出走、孩子紛紛負笈外地，只有雄雄一人堅守崗位，沒有一時或離！但是在他生命中的最後一刻，我卻背棄他、沒有守在他的身邊，而且是因為我的疏忽讓他枉送了性命。我想到就在雄雄出事的前一天，獸醫說：「他的牙齒很好，應該可以多活幾年。」我們才在歡喜之餘，卻因為我的大意，讓雄雄不能頤養天年！我後悔沒有在雄雄生前多陪陪他，也讓他知道我們對他的愛。後來每每帶其他小狗去附近散步，我們總是會刻意繞到雄雄的墳前、談談他的事，謝謝他這麼忠實地陪我們度過人生中最難堪的時段，他永遠活在我們心裡。

毛小孩的心裡祕密

　　雄雄忠實陪伴的歲月，是我們一家人人生最難堪的一段時期，每個人都在自己舔傷口，拼命努力、希望把悲傷與痛苦忘記，上天好像憐惜我們這一家，特別派了雄雄來做我們的守護，他沒有抱怨、也不擔心被忽視，只是忠忠實實地陪

伴。雄雄的死喚回了我們姊妹間久疏的情誼，代價真的太大了！我明白自己再也不能重蹈這樣的悲劇！雄雄的死亡，讓我們姊妹情誼恢復、甚至更能彼此體諒，雖然雄雄的死已經是不能挽回的事實，也提醒了我們要好好珍惜彼此的用心。後來妹妹對於雄雄的死亡有穿鑿附會之說：她們在雄雄過世前幾天在車禍現場附近撿到一仟元，然後就在當天將那筆錢花掉，雄雄的死她們認為是自己貪婪的報應，但是卻讓狗狗付出了慘痛的代價！自此之後，妹妹們固定捐輸給流浪動物之家，也不會將路上拾來的金錢據為己有，而這個迷思也經由她們的教學傳達出去。

　　我的不負責的行為（沒替雄雄拴狗鍊），枉送了雄雄寶貴的性命。而雄雄的突然逝去，也讓我再度體會到失去的悲傷，後來對待其他的狗狗們，我們都會特別注意他們的安全，因為他們不懂得人類的交通規則，而我們卻是負責他們生命的主人，當然要特別戒慎恐懼。

依附需求

母性

　　雄雄跟在母親凱莉身邊有三個多月的時間，他的其他手足都因為我們家養不起而一一被送走。在此之前大弟特別留下了其中一隻身材較為魁梧的黑狗，希望為我們看家，就要另外找人收留雄雄；但是在緊要關頭，二妹卻是緊抱雄雄不放，她認為雄雄很可愛、不忍心把他送走。大弟與二妹僵持不下，幾乎手足反目。後來我們看到雄雄都鑽到二妹衣服裡

去了，好像他知道自己將臨的命運！雄雄就這樣子被留下來了，跟著他的母親一同過生活。

雄雄得到家人喜愛的原因，是因為他在還在吃奶的年紀就鑽到凱莉的碗裡去「偷吃」！真是超級可愛！一隻狗的飯碗是他專屬的「勢力範圍」，即使是母狗也不例外，但是我們卻常常看到凱莉帶著好笑又憐惜的表情、看著雄雄在他自個兒的碗裡吃吃睡睡，這是美麗的母愛。在他的其他狗兄弟們還在傻不愣登地玩耍時，雄雄就已經在母親的碗裡睡著了！雄雄也的確很早就表現出他的智慧，在其他狗狗爬高高的門檻時，他就已經可以找到附近較低的出入口那兒走進來！

凱莉對雄雄的愛，也許是帶著許多的不忍，因為眼看自己其他的孩子一一被送走，他也覺得十分沉重與無奈吧！雄雄後來都會在吃完自己碗裡的食物之後，就去爭著吃凱莉的食物，這時凱莉總是默默退到一邊去，靜靜地看著自己的兒子在狼吞虎嚥，等到雄雄吃完了，她才繼續吃。我們有時候會把雄雄喊開，但是總因為凱莉的不堅持而作罷！

雄雄長牙的那段時間，還會去吸母親的奶，我們看到凱莉隱忍的表情，真是很疼惜！後來雄雄常常找凱莉玩耍，都是用咬的，連我們在一旁看到都會覺得疼，而凱莉好像不在

乎。後來阿爸說家裡養不起兩隻狗，必須把其中一隻送走時，我們捨不得雄雄，所以阿爸就決定把凱莉送走。獸醫的小卡車來載凱莉時，凱莉彷彿早就知道，她沒有掙扎，只是靜靜地看著我們，接受命運給她的安排！那個時候，我們都哭了！覺得阿爸真是殘忍，活生生拆散了一對母子！等凱莉走了之後，我們才懂得去跟阿爸爭論，多一隻狗能多吃什麼？為什麼硬要讓他們母子分離？凱莉也許認為自己的犧牲可以換得兒子的安全，於是就願意這麼宿命吧。而我們也因為母親不在身邊，對於阿爸的行徑覺得分外殘忍。

雄雄在凱莉走後，也覺得不一樣。我們後來才發現，這種早期分離的創傷一直存在雄雄的記憶裡。

毛小孩的心裡祕密

雄雄經歷到與母親的分離，所以對於分離的感受特別深刻，而我們這些孩子在母親離家之後，對於母親的思念與依附也全然投射在凱莉臨走的那一刻。阿爸不應該有性別歧視，他更不應該拆散凱莉母子！我們可以抗議、可以說的，當時卻因為年紀小、人微言輕，懾於父親的威嚴，噤不敢

言！但是後來我們知道說出自己的感受與想法是必須的，省得以後後悔，雖然仍不能挽回凱莉，但我們這些孩子也開始有了自己的聲音。

「將心比心」是我們在這次事件中所學到的，這當然不是說阿爸是個硬心腸的人，他的心其實也很柔軟，只是當時的情境真是太糟了，讓他無法顧及全面、甚至是我們這些孩子的心情。我們看到凱莉的認命與犧牲，也願意加倍地好好照顧雄雄，讓凱莉的犧牲不枉然。

分離焦慮

擔心

　　雄雄的成長階段，也是我們幾個孩子一個個離家負笈外地的時期。孩子一個個出外唸書，雄雄也目睹了我們家裡人口的漸漸稀少。我大學畢業第一年回鄉任教時，特別能夠感受到雄雄的寂寞。常常因為風大，我在客廳寫字或是看書，就會把大門半掩、擋一些風。雄雄常常伸長了脖子在門縫裡探看我，有時候還半爬在高高的窗台上偷覷，如果都沒有辦

法看到我，他就會發出嗚嗚的低鳴，哭得很傷心，此時我會喊他的名字或是喝斥他一下，他就會停止，但是過了一會兒又出現！我於是在不勝其擾的情況下，乾脆把門打開，讓他可以不費力地就看到我，這樣做了之後，雄雄似乎安心不少，他也在可以看到我的地方躺下，不肯稍稍離開。雄雄的擔心就是所謂的「分離焦慮」使然，他的分離焦慮很嚴重，因此就有更多的哀傷，沒見到主人會擔心的狗當然有很多，但是這種連主人在家，只要他看不見就會擔心的狗狗倒是極為少見！

後來家遷台北，雄雄的擔心個性還是依然。只要有人帶著皮箱離開，他的表情就分外哀戚，所以要離開家的人，常常就會趁著雄雄還在後面時偷偷溜走。而仔仔的擔心更明顯，他除了在散步的時候「義務」擔任斥候的角色之外，每每家人要離家，他就會盯著那個人，深怕那位主人離開他的視線，而主人後來還是要離開了，仔仔就會不捨地緊跟在那個人身邊，看著那個人開門離家！我後來知道他這個習慣，就不願意在他面前提皮箱，而是先把他關在房間裡，把皮箱安置在樓梯口了，再進來跟他說再見。

後來我們發現中中也有這樣的表現，但是中中採取的方

式是不理不睬的態度，然而我們還是可以在他的臉上發現悲哀，後來的小狗「多多」更是積極，當她看見主人穿戴整齊時，就會特別注意，一旦提了皮箱，就會整個「人」撲上來，好像是求我們不要離開。狗狗也會擔心，這與他們善盡陪伴的職責其實是很有關係的，而離開對於每個有感情的生物都是很不能忍受的吧！

毛小孩的心裡祕密

雄雄的擔心真是有點不正常，這自然與他的成長背景有關。狗狗是喜歡親近人的動物，也喜歡熱鬧，我發現星期假日家人都回來時，狗狗們都會異常興奮，但是當家人各自回自己的工作崗位時，狗狗的情緒就會低落得很明顯，甚至表現得沒有胃口。我們後來會多養了幾隻狗，主要也是怕他們會寂寞，認為替他們找個伴情況可能好一些。人需要與其他人接觸，狗狗也是群性的動物當然也不例外。「失落」是人生的現實，我們在養狗的過程中也充分體驗到這點。這些狗狗不僅是我們平日生活的好伴侶，也讓我們學習付出、珍惜與家人之間的互動與情感，狗狗尚且如此重視家人，何

況人呢？

　　我們因為不了解狗狗溝通的方式，還以為他們「無血無淚」，但是「分離」的失落，卻是我們有目共睹。要出門的許多隱微訊息，狗狗都可以感受到，因此他們會有一些情緒性的動作出現，想讓我們知道他們的不安。

　　原來，這就是情分！我常常覺得養過的寵物狗裡，雄雄是擔心最多的，他連外表都讓人可以感受到悲傷，只是他不能以言語表現而已。我們也因此學會去覺察狗狗的情緒，希望可以做最好的安撫與處理。

天生氣質

兩個中中

雄雄的手足一共有八位，其中有一位我們叫他「中中」。
這隻小狗很特殊，當我們把所有的小狗放在天井上，看著他
們如何爬上高高的門廊時，其他小狗都會繞道走旁邊比較低
矮的石階，唯獨這隻白狗中中絲毫不受其他同儕的影響，還
是堅持在高高的石階下努力往上爬！他會企圖先讓自己的前
腳攀在石階上，然後用力用後腿的力量蹬，希望可以把自己

托上近二十公分高的石階。但是中中的身長才只有三十幾公分，怎麼可能爬上與自己身長相似的石階呢？以物理學的原理，沒有藉助外力是很難達成的！

但是中中沒有學過物理定律，也似乎不知道「狗」的極限，所以拼命努力，有好多次幾乎成功了，但最後都是功虧一簣！我們在一旁看他這麼努力都心疼起來，先是協助他爬上石階，後來甚至教他如何往最輕鬆的矮階上走上去，但是這位中中可是堅持到底，不願意走簡便的路，他還是堅持自原來高高的石階爬上去，而且一直努力不懈！我們看到這種情況也不好再阻止他，只能在一邊為他加油！有一回他竟然爬了十六次，在第十七次時成功爬上石階，沒有藉助任何外力的幫忙！我們為中中歡呼，以他為榮！認為他比起建國之父孫中山先生（革命十次才成功），絲毫沒有遜色！自此之後，中中就成為我們心目中的英雄，他也把爬石階當成每日的運動，而且失敗的機會越來越少，後來甚至可以三次就成功！

在當時我們孩子的眼裡看來，中中就是一個很好的學習典範，他靠著自己孜孜矻矻、奮而不懈的努力，終於可以獲得成就與成功！後來中中也被送走，讓別人領養，但我們一直記得中中給我們的身教，所以當之後再領養到另一隻白色

的狗時，也希望這隻狗可以像原來的中中一樣那麼不屈不撓有骨氣，於是就把新的小狗命名為「中中」。

新的中中是我在一個朋友處選來的，這位朋友說中中的母親因為車禍過世，留下了三隻嗷嗷待哺的小狗。我看到裝三隻小狗的紙箱子內，其中一黑一花，正在爭奪食物，吵得亂七八糟，卻意外發現另一邊的一隻白色小狗，自己嘴裡咬著啃剩的骨頭，在那裡跟自己玩耍，相形之下就覺得這隻小狗好像比較能自得其樂，「聖潔」一些，不與人爭，所以就決定把他帶回來，也希望新的中中可以像原來的中中一樣堅忍不拔、有高貴情操。

但是這隻新的中中畢竟不一樣。在載他回家的路途中，新的中中竟然不會害怕或認生，自己常常自紙箱裡探頭出來看外面的世界。回到家後，把他安置在二妹房間的另一個大紙箱中，沒有想到他竟然「足不出戶」、少了當初探險的精神！我們當時還在猜測：是不是帶了一隻需要特別照顧的智障狗回來了？但是後來卻發現這隻新中中的學習能力之強，超出我們所養過的任何一隻狗！他不僅在很短的時間內學會了在固定地點方便，還會跟著二妹的作息習慣，準時十一點睡覺！如果是週末，大家一般都熬夜較晚，中中就會在進他

的房間睡覺前，「提醒」我們該睡了！只要家人不搭理他的吠叫，他就會知趣，自己進去睡。很好玩的是：當他睡了一陣子，發現家人都還在客廳或其他地方、沒有跟他行動一致時，他就會自己溜出來加入我們的陣容。到現在，中中還是維持晚間十一點就寢的習慣，只不過暑假期間，他的生理時鐘也被我們打亂了，他會等到主人回房，才去他固定的床鋪上睡。

中中的個性很固執，這一點與原來的中中是一致的。我們發現中中還挺能「聽話」，不是服從式的，而是選他自己想聽的聽；「出去玩」、「吃飯飯」、「摸摸」都是他喜歡的，但是聽到「刷牙」、「吃藥」、「洗澡」就會急急躲進椅子底下逃難。有客人來，我們會先讓狗狗進入房內或洗手間裡以免驚擾到訪客，中中也很識趣，往往就領頭進入房間，雖然他會表現得百般不情願、抗議之聲不絕於耳。一等到客人在屋內坐定之後，讓狗狗出來見客時，中中就完全「判若兩人」，他會去找客人，如果客人不怕狗，願意撫摸他，他就來者不拒！我們為他的「氣節」覺得羞愧！

中中還是我們家的「牧狗」犬，客人來時要他們進屋內去，中中就會「趕」其他的狗狗進去，儼然一副老大的樣

子，所以他的另一個外號就叫「老大」！之前他因為「撿」
回奇奇，所以對奇奇特別疼愛，只要另一隻毛毛有任何他認
為是「挑釁」的舉動出現，中中就會大發雄威，讓毛毛輕易
就範；後來相處久了，他彷彿也知道毛毛是家中的一分子，
所以對毛毛的辭色稍緩，我們從這裡也了解：原來不只是人
有分別心，狗狗也不例外呀。

🐾 中中是家中「老大」，只有他坐在主人身邊毫無「愧色」。

毛小孩的心裡祕密

　　前後的兩個中中有一致的拗脾氣，但是也都有他們特別的個性。狗狗世界只有「支配」，誰是老大、就得發號司令，在雄雄及仔仔先後過世之後，中中就成為寵物「頭子」，他的一舉一動，就成為其它狗狗模仿的對象。我們後來也發現，中中是一隻「大智若愚」的狗狗，他其實非常機靈，像是雄雄有威嚴，他就不敢得罪，我們有時候被中中「欺負」或是發現他不聽話時，就會求救於雄雄，中中就二話不說、乖乖就範，雄雄都還沒出手哩！可見他真的是聰明絕頂。

　　中中真的很獨特，我們也在養了他之後，慢慢了解其實狗狗就像人類一樣，有不同的個性，儘管不同，還是需要彼此尊重。兩個中中固然出生有時差，但是共同點就是「堅持」，後來中中中風，臥病一年半才過世，這中間他擔心自己再也不能行走，所以每天自行積極練習走路，竟然可以恢復原來的能力，也多虧了他的堅持，我們非常佩服！

早期記憶

天生聰穎

　　仔仔是我與小妹寄居在別人家中時撿到的狗。那時我們去住處附近的國父紀念館散步、也在擔心往後的日子總不能這樣寄人籬下。回程的途中，小妹就發現有一隻肥肥胖胖的流浪狗跟在我們腳跟後面，亦步亦趨，後來確定他真的是在跟著我們走時，小妹與我就決定抱他回去找主人，一一問過店家之後，沒有人養這隻狗，但是我們又不能帶回去，因為

當時自己已經有點自身難保了，可又不能就讓這隻狗繼續流浪過日子，於是我們決定先把他帶回去，然後再看看下一步怎麼走。幸好收留我們的朋友也是愛狗的人，她自己也養了一隻小狗，於是我們就把新來的狗狗取名叫仔仔，暫時與我們在朋友家待了下來。

我們先帶仔仔去做一些檢查，順便打預防針。獸醫在做了一般性的檢查之後說：「很少看到這麼健康的流浪狗，又把自己養得肥肥的。」也許是仔仔注定要跟我們一道過日子吧。仔仔在寄居的朋友家曾經發生過一件很令人驚異的事，有一次朋友的同學來訪時，順便把她家剛出生幾個月大的小狗帶來，結果我們一群人在客廳聊得正起勁的時候，就看見仔仔嘴咬著一隻保麗龍碗跑來，原來那是裝水的碗，已經空了，而小狗要喝水，所以仔仔就把碗咬過來了！我們第一次見識到仔仔的聰穎，大家都讚不絕口！而對於他的「利他」表現，更是覺得感動！

仔仔的聰明表現還不止於此，他似乎很懂得主人的心情，也是一隻愛好和平的狗。我記得每每家中有人意見不合、彼此不說話了，最忙的通常是仔仔；他會在兩個吵架人的房間來回奔跑、企圖討好主人，吵架的當事人常常會因為

不忍看到仔仔忙碌，最後都握手言和！仔仔的喜好和平，除了表現在他的和事佬作為上，而且他還會在家人吵架時「勸架」，也就是介於兩人之中、努力吠叫，其實沒有人聽得懂仔仔在說些什麼，當事人吵得越兇、仔仔的聲音也會加大，有時候他實在是太吵了，吵架的人反而會停下來看他的好戲！由於仔仔平常不太會叫，所以真的是不鳴則已、一鳴驚人！

我們全家會一起去散步，本來沒有什麼，後來不小心發現仔仔會數人數，真是一則大新聞！原來有一回散步途中，大妹轉道去與一位同事聊天，結果只見仔仔著急地來回亂跑、神情很焦慮，大妹再出現，仔仔這種慌亂的舉動才停止！我們於是就封仔仔「斥候」的外號，也喜歡偶而跟他玩失蹤的遊戲。

仔仔小時候好玩，喜歡在散步途中去追田裡人家飼養的小雞，我們覺得這種行為很過分，就會在事後處罰他；但是我發現處罰之後，只是口頭上說原諒他還不行，他會一直跟在你後面，不知道為什麼？結果有一回我蹲下來撫摸他，他就不會一直跟著我了！以後做過類似實驗，才明白：口頭上說原諒還不足以原諒他，得用行動表示才算數！但是有時候處罰他一些不該有的行為，仔仔還是沒有學會教訓，我們又

發現了一個「殺手鐗」：只要對他說「我不要你了」仔仔就
會悲傷至極！有一次我帶他與雄雄去散步，仔仔就跑去追
鵝，喊他幾次都不回頭，於是我就在他走回來要歸隊時說了
氣話：「我不要你了！」仔仔的表情就變得很悲傷，他一路
偷偷跟過來，我還常常突然回過頭對他說：「不要跟來！」
他就會停下腳步、不敢看我、假裝若無其事地四處張望，但
是我一開始走、他又偷偷跟過來了！試過好多次，屢試不
爽，我才知道仔仔真的很在乎主人不要他！

仔仔常常是一個
觀察者

　　由於大環境的改變，我們後來已經不能像以往一樣徒步帶著狗狗們去散步，變通之道就是用機車載他們去郊外跑跑，其他狗狗都開始享受兜風樂趣的時候，我們卻無法讓仔仔也學會上機車前面腳踏的地方，因為每每要他上車，他都是聲嘶力竭、鬼哭神嚎，活像我們虐待他一樣！我們後來退一步想到：也許仔仔以前就是被主人以機車乘載方式丟棄的，這種被拋棄的夢魘至今依然存在！我從仔仔的經驗裡真正相信了心理學家佛洛伊德所謂的「早期記憶」真的影響深遠！後來我們在一家便利商店前拾獲另一隻流浪犬多多，也發現多多會習慣進去每一個經過的便利商店，因為她就是被丟棄在便利商店前面的，所以這個記憶一直存在。

毛小孩的心裡祕密

　　仔仔真的是一隻非常人性的狗，也就是如果不談外表，他實際上根本就是一個好人。我們也不知道為什麼他會在我們的生命中出現，而且教會我們許多寶貴的生命哲學。有一位第一次養狗的朋友也發現：當狗狗進入他們的生活之後，一向嚴峻的丈夫就變得不一樣了！不僅在與狗狗嬉鬧時展現

了未有的童心，甚至與家人相處的模式也變得溫柔體貼，那位朋友說：「妞妞（狗名）讓我老公成為一個好人！」真是一點也不假！

狗狗與人的互動也是最真誠無偽的，曾有位也養狗的朋友說：「跟人相處會受傷，會擔心被背叛，但是跟狗狗不會，他都一概接收！」狗狗會敏銳覺察到人類的情緒，因此當家人不和或有人心情欠佳時，狗狗都會試圖安撫或分散注意，他們是很好的心理治療師，怪不得近年來國外一些養護機構也將寵物列為治療團隊的一員，因為他們可以穩定當事人的心情，也讓當事人在互動中願意付出，進而與人做互動、讓身心更健康！

行為的意義

誰是心理學家

　　仔仔的人緣狗緣都很好，所以他很吃得開，但是從來不以此為傲！有一回我帶他與雄雄出去散步，半路卻殺出一隻鬥犬，當時雄雄拔腿就跑，仔仔被咬個正著！鬥犬都是直攻喉頭、一擊致命的！但是因為仔仔的毛很厚，後來脫險回來，我們都沒有注意到他有無受傷，因為檢查外表都安然無損！是大妹發現仔仔回來之後一直低頭舔喉部，所以就近去

檢查，才發現他的喉頭被咬了一個大洞！緊急送醫之後，撿
回了一條命！

自醫院回來，仔仔好像也知道自己生病了，與我們很合
作，叫他好好躺著他也遵命，晚上要餵飯時，我還特別去買
了他最愛的鹹酥雞，讓他與其他狗狗們一起享用。但是別的
狗狗都一下子吃完了自己的一份，「狗」視眈眈地在看仔仔
的碗，仔仔卻文風不動！我們擔心仔仔是不是身體不佳，所
以吃不下飯？還是因為傷口在頸部很難過？於是我就一塊塊
地拿給仔仔吃，他才願意吃。在一旁的二妹看不下去了，把
我手上的狗碗搶過去，在其他狗狗的前面晃了一圈，結果仔
仔衝過來，呼嚕嚕就把碗裡的食物都吃光了！

「到底是誰學心理學？」二妹嘲諷地問我一句：「是妳
兒子（仔仔）吧！」

原來仔仔也會撒嬌的。他認為我這樣子餵他吃東西，他
有被疼愛的感覺，所以就願意享受這種特權。其實，我不會
覺得被仔仔利用，他本來就是我們的好朋友，偶而寵寵他也
是應該的。我的心理學只學了理論的骨架，而仔仔卻知道實
際去實行啊！

後來有一回，我帶著雄雄與仔仔去做例行散步，我以為

自己已經很小心了，但是驀地衝出來一隻鬥犬，我一看到就直覺地把仔仔抱起來，手中牽著的雄雄卻又已經掙脫逃命去了，當時情況十分危急，我也顧不了許多！結果那隻鬥犬衝過來就跳上來咬我懷裡的仔仔，幸好只是咬在臀部，但是這隻鬥犬不鬆口，當我正在愁不知如何是好時，就看到狗主人趕過來，狗主人拉不住自己飼養的鬥犬，一路追過來，見到我的第一句話就是：「放棄啦！」他用的是台語，我看到他也是年紀輕輕、身強力壯，卻連這隻狗都拉不住，現在又叫我放棄仔仔，我怎麼能夠？於是我就開始伸手去扳鬥犬的牙，希望他可以讓仔仔有鬆脫逃跑的機會，但是鬥犬的牙好像是定在那裡一動也不動！我都快要哭出來了！卻又聽見狗主人道：「妳這樣很危險，放棄啦！」我聲嘶力竭回道：「這是一條命啊！」狗主人也過來幫忙了，他後來叫我先放手，然後再想辦法。我於是放開仔仔，趕快去找已經嚇壞逃掉的雄雄。仔仔後來撿回了一條命，幸好鬥犬已經上了年紀、狗牙動搖，狗主人最後讓他鬆了口，仔仔才撿回寶貴的性命。我馬上查看仔仔的傷勢，把雄雄安置回家之後，帶仔仔去看獸醫，擦了藥沒有大礙，我們就起身回家。與仔仔自醫院回來，他竟然站在樓梯口不願意往上爬，我當時以為他

真的是太累了，於是就抱著十幾公斤重的仔仔爬上四樓，
家人問我仔仔的情況，我據實以告，結果二妹就把仔仔帶下
樓，重新要他爬樓梯，這回可是一點困難也沒有！又被妹妹
奚落了一頓：「自己學心理學，我看是中看不中用啊！」原
來仔仔是會看人撒嬌的！他的心理學的確比我學的還要透徹！

🐾 這是仔仔思考的時候

毛小孩的心裡祕密

　　仔仔很少撒嬌，他通常只是表現出溫和合作的一面，藉著病痛來測試主人對他的重視，這也是我頭一次經歷，雖然被妹妹笑為「所學不精」，但是心安理得。仔仔的確同我像母子一樣，幾乎每天在一起，只要我去哪裡，他一定尾隨。我記得有一回與大弟吵架，當天晚上就是無法入眠，後來有尋死的念頭，半夜一點多要出門去透氣，結果仔仔硬是要跟來，我不能保證自己會回來，所以叫仔仔留下，但是他不願意放棄，我最後只好讓他跟，我與仔仔就在冷冷的清晨郊外獸坐了許久，近四點才回家，我想如果不是仔仔，我可能就做了不明智的事，他等於救了我一命！

　　仔仔的許多人性面，讓我重新看到希望，也了解世事並不是那麼悲觀，至少我還有其他家人、可愛的寵物，人生其實不必事事在意。仔仔與雄雄都沒有經過訓練，但是卻有許多很好的習慣，包括用餐不挑食、散步會跟在主人身邊也不用狗鍊，他們之間的相處也相安無事。雄雄是男狗、仔仔也是，但是他們沒有因為支配地位而打過架，好像就那麼順理

成章成為親密父子，沒有血緣關係的他們可以相親相愛、甚
至生死與共，這些都是人類社會可以學習的榜樣。

存在議題

陪伴

　　曾經有過一個實驗，以針孔攝影機來看一隻狗狗開刀後的情形，研究者發現狗狗在主人出現時會裝出若無其事的模樣，但是一旦主人離開，狗狗就不掩手術後的痛楚哀哀叫起來。我相信狗狗是會討好主人而佯裝堅強的。

　　仔仔曾經有一陣子在家人忙碌的疏忽下罹患嚴重耳疾，後來我回家發現他側著頭走路的姿勢很奇怪，才發現他的耳

朵已經發炎蓄膿，帶去給醫師看時，醫師還責備我們：「他不知道有多痛！你們真是太不小心了！」仔仔也因此失聰。儘管仔仔因為年邁、身體狀況不佳，眼睛患有白內障、耳朵聽不見、體重過重也行動不便，但是他還是很盡自己的職責，該吼、該生氣、該迎接的一項都不少！我當時已經有意識到仔仔可能陪我們的時間不多了，所以有空回家的時候，總是會花時間跟仔仔說話，他好像聽得懂我的擔心，我也告訴仔仔該走的時候就走、不要留戀太多，只要記得他被愛過就好了。但是雖然這樣，每每在看到仔仔睡著時，我還是會忍不住去探試他的呼吸，深怕他沒有知會我們就這麼離開。

那一天，我帶仔仔去看獸醫，他因為年老又過胖、毛又濃厚，所以有一點褥瘡，經過醫師多次的診療與服藥，情況已經好多了。我牽著他，沿著熟悉的路上走，我已經覺得有點累了，但是一路上仔仔雖然走得慢，卻也沒有疲累的表現，於是我們就繼續，後來到獸醫店門口，發現因為是週日，獸醫院要再過一個多小時才開門，當時天下著毛毛雨，我擔心仔仔再走一趟會體力不支，於是就與仔仔在附近的一個國小樹下休息等待。仔仔就如以往一般，安安靜靜地陪我坐著，我偶而跟他說說話，他也會抬頭看看我。我們在那裡

等了一個多小時，那一段時間對我來說是很珍貴的回憶，因為那是我最後一次帶仔仔去醫院。後來依照醫師的囑咐，我們不讓仔仔到處走動，而是很不人道地綁住他的一隻後腿，讓他不得不仰躺，也讓他的褥瘡多接觸空氣、可以早點好。但是就在我回家的翌日，我幫仔仔解開被綁住的腿、讓他可以自己去上廁所，儘管他的行動很不便了，仔仔依然堅持自己上廁所，我們知道仔仔是不願意麻煩人的狗，所以也就順從他的希望、讓他自己去如廁。

　　仔仔上完廁所，我以為他要躺下來休息，但是他沒有，反而往客廳的方向走，在客廳轉角的地方坐了下來，我因為擔心他這一天都沒吃東西，會沒有體力，所以就遵照醫師囑咐、讓他喝了糖水，他喝了很多，我很高興，以為他的情況改善許多了，所以就拿了一塊肉要餵他，但是仔仔只是很奇怪地看看我，我當時還有點生氣他竟然不吃，然後我看他又要動了，就協助他把後腿撐起來，於是他朝客廳方向繼續走，卻在他最喜歡的墊子前仆倒不起！仔仔的死很意外，因為醫師才說褥瘡不是大病、而且治療進行順利，應該很快就可以復原。我發現仔仔已經沒有意識，當下嚎啕大哭！他陪伴我們到最後一分鐘，他的痛都不讓我們知道！我好心疼他！

　　二妹後來說，綁仔仔後腿的第一天，仔仔尿出來了，她就去為他清理、也撫摸安慰他，仔仔就用前腳回摸二妹，那個眼神好像是謝謝她，她當時就很難過。仔仔陪了我們十五年，他真是盡心盡力、鞠躬盡瘁！

　仔仔就是這樣乖巧

毛小孩的心裡祕密

　　仔仔跟我形同母子，妹妹也稱仔仔是我的兒子。我們在經歷許多養狗的經驗之後，才慢慢知道怎麼養狗、照顧他們，也與獸醫們有緊密互動。在雄雄之後送走仔仔，我們非常悲痛，也有家人因此說：「不要再養（狗）了！」但是看到街頭流浪犬這麼多，就會不忍心！我們家的狗狗幾乎都是撿回來的「雜種狗」（我們戲稱「米克司」mixed犬），他們都是與我們有緣份才會來到我們的生命中。

　　仔仔之所以特別令人懷念是因為他的確有其特殊個性、也很討人歡喜。他初來乍到之時，還曾經因為大弟與小妹口角，大弟因此抓了仔仔，就要威脅往樓下扔！小妹當場崩潰！我也全身冰冷，僵硬在一旁！仔仔撿回一條命，我卻無法忘懷那場可怕的生死之鬥，我們人類何德何能，竟然以別的生命來威脅他人？

　　醫師推斷說仔仔可能是因為癌症未被發現才過世，但是一隻狗狗可以活十五年多，也算是天命。我們卻因為這一席話，不能原諒自己的疏忽。在仔仔之後的狗狗們，我們就會

特別注意他們的身體與飲食，包含體重的控制、不餵食人類吃的食品、注意他們的營養與活動力，還會留意年老可能有的一些情況（像是眼睛的白內障、牙齒健康、關節的退化），我們在他們身上學習了許多生命課題。

癖好
各有不同

風少年

中中是我們家的風少年，這個「風少年」的封號其來有
自。中中很喜歡乘車兜風，而且很欣賞吹風帶給他的快感！
他甚至會因為吹風吹得太專心了，差點失足掉到車外！

中中小的時候很喜歡看風景、吹風，特別是有風的日子，
他會把上半身攀搭在陽台的欄杆上，恣意享受風的吹拂，那
個模樣真的就像「鐵達尼號」裡的那一幕！我們起初以為他

只是做做樣子，不是認真在看風景，後來有一次發現底下的小朋友在打球，他竟然會追著球的方向轉換觀看的位子！有時我也會跟他一起看風景，也解說給他聽，我們因此叫他「風少年」，他還挺能反映他對這個新綽號的喜愛。但是曾幾何時，中中這個風少年突然對風有了莫名的恐懼。只要是有風呼呼吹的日子，甚至會撼動我們大門的風力時，中中就會出現精神病的徵狀，希望逃到後面陽台的洗衣機旁躲避，他把自己的身體塞在洗衣機旁窄窄的一塊空間裡，一副安然若定的模樣。我們常常為了應付他這個奇怪的舉止而精疲力竭。

每到有風的日子，全家就進入「警備狀態」，先把後門的紗門關好，把浴室門閂緊，因為擔心他在潮濕的地方待容易感冒出問題；但是風少年也開始了與我們「長期」的抗戰。他會站在關好的後門前等待，當我們故意忽略的時候，他就會去抓門，示意我們為他開門。在後門的抗爭如果無效，他就會去房間抗議，上床尿尿、破壞物品，去阻止他，他會呲牙咧嘴，強烈抗議，當這一招又告無效，他就會躲在乒乓桌下自艾自憐。只要風力減小了，風少年的精神情況就會恢復，而且還會要求主人安慰他的遭遇。我們曾經請教過獸醫師，有沒有獸醫的精神科？醫師笑道：「妳的心理治療使不

🐾 中中出外散步，最喜歡發現新事物。

上力嗎？」我還回道：「我還沒有動物治療師的執照。」

　　結果，家人還是發現了一個可以治中中的辦法，只要在中中「發瘋」時，每個人努力鼓掌、讚許他的行為！說也奇怪，中中就自覺無趣，自己夾著尾巴走進來了！這樣的方式也只是偶而有效罷了，原來這是中中撒嬌的技倆，只是我們不清楚什麼時候是撒嬌，什麼時候不是。

中中最喜歡的還是散步、出去吹風，我們最後幾次帶他去外面散步是用娃娃車，讓他躺在車上，他幾次掙扎要站起來，我們卻更難過，因為他的左腳已經不能自主行走。有時候我就抱著他，讓他可以有更好觀看的角度，即使很累，又有什麼關係？他是我們的家人啊！

毛小孩的心裡祕密

我不知道中中為什麼會從「愛風」的風少年，轉變成「怕風」的「瘋少年」，他的「愛風」讓我們覺得他很有情趣，而「怕風」是因為創傷經驗嗎？中中是藉由「發瘋」的方式引人注意，因為他平日就是大家注意的焦點，一旦發現注意不夠了，就會做出奇怪的行動來企圖獲得注意。說也奇怪，我每次都上了他的當。每一隻狗狗就像人一樣，希望能獲得「正向撫慰」（positive stroke）或「認可」（recognition），這是「溝通學派」（Transactional Analysis，或簡稱TA）與「阿德勒自我心理學派」的看法，也就是人會希望可以讓別人「看到」自己好的一面，然而一旦這個需求沒有獲得滿足，就會朝「負向撫慰」的方向行動─做一些惹人厭的動

作，但是也同樣獲得了他人注意。通常我們看到一個行為不良的孩子，就可以斷定他原本表現不錯，只是他的「好」表現沒有達到標準，因此沒有受到注意，逼得他只好往相反的方向─表現偏差行為（或「社會無益」useless）─走。

我之前也曾經以「忽略」的方式來觀察中中的反應，就是不理他，但是中中卻像失魂落魄一般，以為自己不見了！當然這是極為殘忍的方式，我們之後就沒有再使用。

中中喜歡到戶外去，所以一直到他過世前，我們都儘量讓他有機會出去外面看看風景或是兜風，當他因為中風不良於行的時候，我們也不放棄，因為我們希望他在有生之年都可以好好享受生命的樂趣。

權力位階

報馬仔

中中是如假包換的「報馬仔」，也表現了他個性中「奸巧」的一面。新的小狗毛毛與奇奇剛來的時候，還沒有學會我們家狗狗「便溺」的習慣，所以家裡各處「佈滿」了他們倆的「尿跡」！中中似乎「很關心」這件事，一定要想盡辦法讓我們知道。

只要我們有人回家，中中在盛大的歡迎式之後就會吠

叫，然後領頭跑在前面，一邊還不時回頭，帶主人去新小狗
「尿跡」所在，而且還會很「得意」地「告狀」。當主人指
責新小狗的時候，中中就會趾高氣昂地站在一旁「助陣」！
主人說一句，他就加（吠）一句，讓家人看了只能搖頭說：
「沒看過這麼『猖狂』的狗！」如果是中中為了「佔地盤」
而留下的痕跡呢？只要主人一指出「犯罪地點」，然後問：
「是誰尿這裡？」他老兄就夾了尾巴逃走，不像仔仔一副無
辜但是又願意承擔的模樣！仔仔過世之後，中中就成為家裡
唯一的「男」狗，也只有他會「佔據地盤」、「標地界」，
但是現在已經沒有人會跟他爭地盤了啊！

　　中中是很傲的一隻狗，他不像雄雄一樣高貴但不驕傲，
當他是新來的小狗的時候，他就不可一世，盡其能事在欺負
柔順的仔仔，仔仔也總是讓著他，他也會不聽主人的話、不
肯屈就，這就讓我們的「威信」盡失！但是中中有一怕：他
怕雄雄。當我們發現到這一點的時候，也是暗暗竊喜，只要
中中不聽話，我們就「祭出」雄雄牌，像是告狀似地道：
「雄雄你看中中……。」說也奇怪，中中的行為就不那麼乖
張了！我們也是「教學相長」，學會了中中的「報馬仔」技
倆，這真是應了一句話：一物剋一物！

現在連奇奇與毛毛也學會這一招了，當中中「告訴」我們毛毛在廚房的「傑作」時，奇奇與毛毛也會「投桃報李」、將他一軍！雖然我們會看到中中怨恨威脅的眼神，但是至少他不敢在我們面前造次。當然，奇奇與毛毛對於自己做的錯事會坦然承認，但是中中這隻老鳥可就不會那麼順服了！有時我們發現他又在哪裡建立「勢力範圍」，指給他看，他可躲得厲害了！爬進椅子底下，根本就不承認有這麼一回事！報馬仔最怕的還是被人抓到證據吧！

毛小孩的心裡祕密

中中還有一怕：就是擔心主人「另有新歡」。也許在仔仔走後，他恃寵而驕，深怕自己的地位不保，所以只要有其他小狗來訪，他就當對方是敵人、伺機欺侮，只是若主人在，他就不好下手。我們也在無意中發現這一點，於是偶而會逗逗他，假裝懷裡抱著小狗，然後說「可愛的小狗」，他就會努力往我們懷裡鑽、一探究竟！那種慌張的模樣，真是令人噴飯！也許中中同其他狗狗一樣，只是擔心自己被拋棄或不受寵，所以才會有這樣的行為出現，我們人類又何嘗不

是？原來狗狗在與人互動之後感情深了，會害怕人類不以同樣的方式對待，因為他們其實是很被動、權力很小的。

其實我們對中中的愛真的不少，只是他要求的更多，偏偏他又喜歡裝酷，但是這就是他啊！我在中中身上看見一個個體的獨特性，也欣賞、接受，對於我們這些教書或是擔任諮商工作的實務者來說，都相當具有啟發性。

表情

中中是我們家最有表情的狗，他一天的心情如何，通常就毫不掩飾地顯露在臉上。

我們很少注意過狗狗的表情，頂多也只是自他們的肢體語言裡去猜測，但是中中卻讓我們有了新的學習。最先發現中中有表情的是二妹，她有一天早上起來，發現迎接她的中中竟然會「笑」，於是像發現新大陸一樣地要我們也看看，

當然中中的「笑容」很快就消失了！後來我們也就特別留意，果然發現中中的表情十足，他的喜怒哀樂完全展現在臉上、毫不掩飾。

有一回我拿自我心理學裡的一個觀念做實驗，因為人有被認可、看見的需求，我相信狗狗也有，尤其是中中特別會刻意引起主人的注意，我們常常被中中「引起注意」的動作弄得很煩，於是想要看看被忽略的中中又是怎麼樣的表情。於是這天我回到家，故意忽略中中、好像沒看見他一樣，而一心一意去招呼其他狗狗，中中很快就發現自己不被注意到，於是就發出聲音引我注意，但是我還是故意假裝沒有看見，後來他急了，趴在我的身上、用手抓我，我還是不去理會，而且還故意「詢問」其他狗狗「有沒有看見中中？」，後來還特別到各個房間去找中中、沿路喊他的名字，中中自然很急，努力跳躍、吠叫、甚至捉弄其他小狗，企圖讓我知道他的「存在」，當然我的反應就是忽略、不聽不聞。終於，中中也累了，在嘗試過各種方式表明自己的確存在無效之後，他也許真的認為自己是隱形的了，於是很失望地躲到桌子底下、默默啃噬他的悲哀，我發現這一招真的傷害太大了，於是決定喊停，我走到中中躲藏的桌子底下，像是發現金礦一

樣地喊他的名字，中中自然十分驚喜，我看到他臉上大大光彩的笑容！

　　後來只要中中又欺負別的小狗了，我們就會來這一招「視而不見」，當然起初幾次都可以奏效，然後就沒有任何作用了，因為他學得很快，我們在認真玩時，他就已經興趣缺缺了！看到他那識破我們的慵懶狀，真想好好K他一頓！其實退一步想，中中也是一個誠實有個性的狗，不會裝腔作勢、以真實的面目呈現，這也沒有什麼不好！

中中與外甥女，兩個人還會看鏡頭哩！

毛小孩的心裡祕密

中中真的有表情，而狗狗最善於用肢體動作表現他們的喜怒哀樂。像高興的時候，狗狗就會吠叫、聲音高亢，而且尾巴不停搖動，但是高興的程度也有區別，我們家的多多在吃飯之前會刻意去玩玩具、裝可愛，而毛毛則是屋前屋後快速奔跑，像瘋了一樣！

主人的說話語調也是狗狗們猜測主人情緒或話語意義的一個線索。我曾經很平和地告訴狗狗：「不行！」但是他們聽不懂，所以後來知道要用真實情緒配合語言音調，才可以正確傳達意思。曾經看見有狗主人以歡樂的語調叫狗狗過去，但是卻施以肢體處罰，狗狗表現出困惑不解，我真擔心這樣長此以往，狗狗會因為無法預測主人的情緒而精神分裂！

狗狗的情緒表現很裡外如一，我也從這裡學習到與人、與狗的對待方式也應該前後一致，不僅可以增進彼此的關係，也可以真誠面對生活。在諮商現場，治療關係是非常關鍵的，諮商師的真誠以待，可以讓當事人有信賴、願意坦承

與合作，因此諮商的第一步就是「真誠一致」，狗狗們也提
醒我這項重要的功課。

不同的聰明

失蹤記

　　毛毛在教師節二妹出門一會兒、沒有把門關好的情況下跑下樓去，失蹤了七天，卻在中秋節那天回來跟我們相聚。

　　我們擔心毛毛，因為她很少出門，是個社會「新手」，而且她是女狗，怎麼留記號回家？其實最主要的關鍵就是毛毛很神經質，她的智商也不高。毛毛的失蹤發生之後，我們都很悲觀，但是該做的還是做了。我們把她的照片洗出來、

製成尋狗啟事,然後情商到各個店家門口張貼,也拜託相識或不識的好心人士幫忙留意;此外我們還帶著其他狗狗沿著馬路巷道去找,但是一直都沒有毛毛的消息。一聽到店家主人說好像看到像毛毛的狗經過,我們就滿懷希望去找,但都是失望而返!

　　毛毛的母親因為生產太痛,自己在生產過程中咬舌自盡,狗主人以人工方式拉出兩隻小狗仔,一隻是毛毛、一隻是毛毛的哥哥。毛毛的哥哥在出生幾個月後就發生車禍死亡,根據主人說是一隻很神經質的狗,因此擔心毛毛也不能活得很長,所以我們就把毛毛抱回來撫養。毛毛的成長過程還很順利,但是後來我們也發現她很容易緊張,一緊張就胡闖亂撞,十分危險,有一回中中發雄威,對著毛毛大吼一聲,結果毛毛竟然嚇得全身痙攣、差點休克;為了教會毛毛知道自己的名字,還真是花了好一番功夫,她不像其他狗狗,一天功夫就可以了解主人的意思。也因為毛毛的這些紀錄,讓我們對她的失蹤更不抱找回的希望。

　　這天中秋節放假,一大早二妹心有所感往樓下看,發現一輛機車底下有一根很像毛毛的尾巴露出,就連著喊毛毛的名字,我當時放假回家,就衝出家門去確定,發現正是毛

毛，於是就一把抱住毛毛往家裡走。毛毛就這麼奇蹟式地回到我們家！到底毛毛在這一週的時間內經歷了一些什麼？我們都無從得知，只是毛毛的確很累了，回來時很安心地睡了一個長覺。後來毛毛就會在大卡車經過或是車子發出倒退的嗶嗶聲響時，嚇得不知所措！不是緊緊抱著人不放，就是在周遭沒有主人時跑去日式房躲著。我們於是稍稍明白她的遭遇，也深感同情。

毛毛失蹤的事件發生之後，她就不再像以往一樣享受兜風或是散步的樂趣，彷彿出門就是不安全，但是看到同伴中中與奇奇出門去玩，又不掩羨慕之情。於是我們只好改採散步的方式，毛毛最常跟著二妹去附近超商買報紙，因為有固定的路線而距離又不遠，加上人車較少，所以她也樂於擔任陪伴的工作。

奇奇也有過一次失蹤的經驗。當時二妹載她去獸醫處拿藥，以為只是一下子功夫，沒有大礙，所以就把奇奇留在機車上，自己逕行去醫院內取藥，沒想到獸醫院是在車水馬龍的交通要道，一個大卡車的煞車聲，奇奇就嚇得急急跳開逃命去了！二妹回頭發現奇奇不在車上，當時就在附近來回找，沒有下文之後，才騎車回來發動家人一起去找狗。我們

兵分三路，由不同的路徑走，一邊還叫著奇奇的名字！我帶著中中去找，希望藉著中中與奇奇的交情，可以讓奇奇聽到我們在找他。結果奇奇還是讓照顧她最多的大妹給找到了，大妹形容說當時奇奇淚水流了兩行，一副可憐兮兮的模樣，而身邊竟然還有一隻大狗在看護著她。能夠把奇奇找回來真的是奇蹟，一般說來狗狗走失通常是沒有下文的居多，所以我們很感謝上蒼讓我們可以把狗狗找回來，也是表示我們緣分未盡吧。奇奇看到大妹真的是歡喜若狂，一下子撲過來，眼裡還含著淚哩！

奇奇不知何時與毛毛情感交惡，可能是毛毛失蹤之後、行為開始怪異的當兒，因為奇奇與毛毛幾乎是同時來到這個家，她們是自小一起長大的玩伴，感情理應不錯。我們是在帶她們兩個一起去散步時發現的，因為她們不打照面，而且還彼此發出威脅聲音，當時我們還以為是偶然，沒想到後來分開帶出去散步，路上碰面，奇奇卻表現出與毛毛「對面不相識」的陌生，我們才驚覺二「人」交惡！結果有一回我帶她們兩個去附近公園，後來毛毛的衣服鬆脫，我停下來處理，沒想到轉眼之間，奇奇已經不見人影，我在公園與附近習慣散步地區找了很久，才放棄走回家，奇奇卻已經先行回

到家！奇奇這隻十二歲、眼力不佳的狗，竟然可以穿過繁忙
交通要道、重重人車，找到回家的路，我真的不得不佩服！

🐾 三隻小「狗」的故事
（奇奇在前，毛毛中
中在後）

毛小孩的心裡祕密

我只聽過狗狗會因為支配地位爭執，沒想到還有「私人恩怨」存在！狗狗是我們的責任，一旦決定讓他們成為家中的一份子，主人就必須負起他們全部生命的責任。由於我們的不小心，讓狗狗失蹤、在外面流浪，這些都是失職的行為！狗狗容易受到驚嚇，因此常常會有不尋常的行為產生，維護他們的安全，我們也責無旁貸！

帶狗狗去散步，使用狗鍊是負責的行為，儘管許多狗狗也有很好的訓練，但是萬一出現什麼意外狀況，後果就不可收拾！人類的一不小心，可能就犧牲了一條性命，就這觀點來看，就更需留意、謹慎了！我們台灣目前極少有讓狗狗可以自由活動的公園或場地，也許是因為擔心環境髒亂或受到污染，但是只要主人肯負責，其實人狗共同使用公共場所又有何不可？國外還有人畜共用的餐廳、還可以讓寵物與主人一起上班，這就是顧慮到人與寵物的需求，是符合人性的措施。

創傷後遺症

意外

　　毛毛失蹤回來之後，在聽到大卡車、特別是水泥車的聲音，就會忍不住發抖、緊張地不像平常優雅的她！如果主人在身邊，她會努力爬到主人身上，要不然就會鑽到我們中堂的一個日式臥房內的衣櫥裡，等到車子走了，才再努力走出來。但是因為日式臥房一般時間都是關著的，這本來是預防中中去「建立領地」，結果現在成了毛毛的避風港，導致的

問題是：毛毛往往不按牌理出牌，他常常是從我們無法預料的地方進去，或從不可能的出口出來，當然有更多的時候，她是困在裡面的某個角落，出不來的！因為毛毛的這個習慣，我們的日式臥房裡的許多傢俱，已經被破壞而不堪使用，加上毛毛的力氣大，破壞力特別強，尤其是在緊張的時候，根本就是悶頭亂撞、失去理智！

偶而回到家的時候，會聽到報馬仔中中或奇奇對我們吠叫，因為毛毛又把自己陷於一個「奇怪」的地方，出不來了！我們不知道毛毛在那個地方多久了，把她救下來的時候，她還是很高興地謝謝你，只是不知道她是怎麼撐過來的？我們一直很擔心萬一她不小心受傷了，而當時家裡又沒有人救她脫困，該怎麼辦？沒有想到這個擔心有一天就出現了！

週末上午，家裡人都出去了，我先回來，發現中中與奇奇叫得很奇怪，果然就像以往一樣，他們是對著日式房間吼的。我看到毛毛在房間裡，想想應該沒甚麼事，就先把手上的東西放下，但是狗狗還是一直叫，我發現毛毛已經試圖自撬開的木門縫裡鑽出來，卻將自己卡在門上了！我於是協助她脫身，沒想到身上卻沾到了許多血跡！我當時立刻檢查她身上血跡的來處，發現她的前腳掌上都是血！於是當機立

斷，趕快帶她驅車前往獸醫院。醫師看到毛毛與我身上的鮮血，也嚇了一下，趕快做緊急處理，發現毛毛的腳掌內有多處割傷，有一處甚至深入骨頭！我看了眼淚都快掉出來了！好痛啊！她怎麼受得了？想到我們沒有盡到保護之責，更是心如刀割！醫生先替她把傷口裡的玻璃碎片清除，然後馬上替她縫合傷口，毛毛也在手術中慢慢甦醒。

　　後來回來的家人發現家中血跡斑斑，也看到日式臥房內的好多血跡，真的是嚇壞了！原來毛毛在驚嚇之中，臥房裡的玻璃被她弄破，她就在掙扎過程中嚴重受傷！包紮好了傷口，我們帶她回家，她還是很高興見到家人，遲遲不肯去休息。醫師替她縫了不下二十針，而麻藥剛退、傷口一定很痛，她卻還是拖著綁了繃帶的腳，隨著主人亦步亦趨。因為之前發現臥室內許多被套上都有多量血跡，很擔心毛毛失血過多，加上她自醫院回來之後不想吃東西，真是擔心她的身體復原的情況。晚餐時，特別準備了豬肉清湯給她補一下，沒想到她是吃得希哩呼嚕，別的狗狗一靠近，她就「惡言」相向！我們知道我們的毛毛回來了！

毛小孩的心裡祕密

我們有時候認為狗狗無知沒有關係，因為不需要知道太多人間世事，要不然痛苦更多！但是當我們發現無知也會造成很大的傷害、甚至失去生命時，我們就必須重新衡量這個想法的真確性。毛毛的母親因為生產太痛、咬舌自盡，唯一的手足又車禍死亡，我們也聽說有狗狗因為緊張跳樓、或是尾巴癢而咬斷自己尾部的故事，狗的世界與人的世界一樣，都有天賦不同的上智或下愚。毛毛的確與我們養過的狗狗有差異，但是我們對她的愛沒有一絲或少！阿爸有一回說：「沒看過（像毛毛）這麼笨的狗，好像甚麼都學不會！」我當時還跟老爸說：「就像你的孩子都是一般智力、沒有碰到智力比較差的，所以你不知道智力比較差的孩子，笨也不是他們自己願意的。」爸就搖頭道：「可憐啊！」

狗狗也會意識到其他狗狗的危機，感謝奇奇與中中的提醒，讓我可以及時挽救毛毛的生命。其實我們都很高興毛毛是在我們家長大，我們才可以給她需要的照顧，如果流浪在外，也許命運更乖舛哩！有緣份就會在一起，也彼此珍惜吧！

被愛需求

愛吃藥的小狗

　　奇奇是目前家裡最小的一隻狗，我說的是她的體型。奇奇是中中有一回跟著二妹去散步時「撿」回來的流浪狗，當時奇奇身上都是皮膚病，躲在一輛機車底下，中中嗅到她的味道就不往前走了，因為正好就在住家附近，於是我們就把她帶回來。一家人花了很長的時間與功夫，與獸醫密切配合，才慢慢讓奇奇脫離險境活下來了。當初醫師見到奇奇的

情況也不抱樂觀，認為一隻流浪犬感染這麼嚴重的皮膚病，也不知道還有什麼毛病，存活下來的機率很小。

奇奇的存活顯示了她的努力，但是因為她有早衰的現象，下頜已經長出超齡的白鬍子了，其他的身體機能也是。尤其她的皮膚病一到夏天就更嚴重，必須要每天洗澡，對於這種程序她已經很熟悉，雖然她會在洗澡時逃避，但是最終還是乖乖「就」洗。奇奇就是很乖巧，這一點的確很有順服的特質。

我們發現奇奇雖然很順服，但是在一件事情上卻不是。每每要她喝牛奶，她就逃得比任何人都快，其他狗狗很喜歡牛奶的味道，奇奇卻是大異其趣！後來我們發現要聲嚴氣粗地吼她，她才會不得已乖乖就範。我們以精神分析學派的觀點來看奇奇對於牛奶的敏感，可能是她小時候在喝牛奶的當兒，曾經發生了讓她很不愉快或是害怕的事，所以就把這個夢魘帶到現在了！於是我們也開始了「反制」的行動，只要她靠近牛奶就給她獎勵或撫摸，慢慢地奇奇也願意喝牛奶了。讓奇奇喝牛奶是希望補充她的鈣質，因為她有抽筋的毛病，我們也給她定時服用鈣片，但是其實牛奶是最好的補充劑。

　　奇奇也會擔心自己失寵，只是她的表現方式不一樣，通常是發生在家中有客人來訪或是過年過節的時候，因為家人會把注意力分散，她就會開始節食，才幾天就明顯瘦下來，只要客人一走，她就馬上恢復元氣、體重回升！我們也知道狗狗的需要，所以三不五時也會抱起狗狗來，寵他們一下，只要抱起奇奇，她就以為自己是天之驕子，會對在地面上的毛毛「示威」，換成毛毛，情況也是如此，可見每隻狗都希望自己是主人的最愛！

🐾 毛毛與奇奇難得一起
上相

奇奇因為長期要與皮膚病搏鬥，所以吃藥對她來說是家常便飯，藥的味道當然不好，但是她都會忍耐。常常餵藥時間到了，奇奇就自動出現，乖乖坐在主人面前，當裝藥的針筒靠近她的嘴邊時，她的嘴角就會自動掀起，讓主人餵藥的動作更方便，她其實不愛吃藥，但是因為能夠體諒主人的用心，所以極度配合！

奇奇因為吃藥成習，她一看到餵藥的針筒就會主動靠近，即使那是別的狗狗的藥，她也是耐心在一旁等待，看她這麼乖、真是讓人心疼哩！

毛小孩的心裡祕密

奇奇就是很乖的狗狗，雖然自幼體弱多病，但是她也很努力生活，所以可以維持不錯的生活品質。我們沒有嫌棄她的體臭，因為也不是她願意的，只因為是一條性命，我們必需珍惜。那一回奇奇在動物醫院門口走失，在找到她的時候，她的眼淚直流，更讓人不捨！平常我若在電腦前面工作，她就會在下午四點多進來跟我討摸摸，如果摸摸她還不夠，她就會「再要」，她其實很能領會人類的語言，如果很

忙，告訴她「好了」，她就會識趣離開。平常奇奇很喜歡睡
覺，但是一旦聽見樓下開門聲，她就會非常積極吠叫。而我
也相信狗狗會數學，是因為當家人都回來了，任何人再開
門，她都不會認為是主人回來，所以吠叫聲就變得很不友
善。當然人都有缺點，狗狗也不例外，奇奇是我們家有史以
來打呼聲最大的狗，而且還會說奇怪的夢話，我常常被她的
夢話嚇醒，因為真的很像人在說話。

　　奇奇真的很認命，她的個性讓我看見了另一種堅忍，也
見到她為生命努力的精神。

捍衛主權

哈利的故事

在哈利之前，我們陸陸續續養過幾隻狗，但是時間都不長，可能是因為年紀小的關係，也沒有太多的記憶。哈利的出現，讓我們真正去學會愛狗、照顧狗。

哈利是一隻很聰慧的的小狗，他的聰慧表現在努力捍衛家園、不接受利誘，也表現在他對家人的忠心耿耿上。

隔壁的親戚喜歡把我們的菜園當成他們的養雞場，擅自

把雞群放養在我們的菜園裡，也把裡面種的菜啃得零零落落，家裡的長輩好言勸說過，但是叔婆還是一意孤行、不予理會。把雞放養在我們的園子，不僅糟蹋了我們辛苦種植的青菜，也留了一大堆雞屎，儘管我們抗議抱怨，也沒有效果。但是自從哈利來到我們家之後，他就嚴格執行自己的勤務，在四五個月大時，哈利已經開始追趕菜園裡的雞隻，而且窮追不捨！叔婆過來抱怨說雞隻受傷，要我們好好管教哈利，但是錯在叔婆啊，這種惡人先告狀，令人哭笑不得！雖然趕一次效果不大，咱們的哈利可是不屈不撓、愈挫愈勇的，結果在幾次之後，叔婆也終於瞭解她是抵不過哈利的堅忍的，於是不再把雞群放牧在我們的菜園裡；這一幕彷彿永不休止的戰爭終於結束。

由於哈利有很強的地盤觀念，任何人不是跟著主人進來的，都會受到他的吠叫與攻擊，也因此讓鄰近的一個老警員很生氣，這位老警員常常要來我們家的附近窺探，這點讓哈利很不爽，當然哈利也對他不假辭色。有一回這位警員竟然丟了一個下了老鼠藥的滷豬肉在哈利前面，哈利聞了一聞、吃了、但是又吐出來了！這位警員以後再用這個方法來誘拐哈利，都沒有成功，後來他不得不說了一句話：「這隻狗

真精！」

　　有一回哈利嘴裡叼了一個紅色的東西，我們不知道是什麼，是母親眼尖，發現是一張百元紙幣，於是就追著哈利跑，哈利還以為主人要同他玩，跑得更盡興了！媽媽於是叫我們一起來阻擋他，好不容易終於「圍堵」了哈利，也把他口裡的錢給拿下來了，於是媽媽就稱哈利為「發財狗」，就是會帶來財富的意思。

　　有一次我跟二妹要去看電影，哈利要跟來，但是因為是晚上，而且哈利跟我們去街上很危險，所以我們就叫哈利不准跟過來，他當然不聽從，試了許多方法之後，眼看電影放映時間就要到了，我們還要騎二十來分的車程呢！於是我就以最快的速度騎車，由坐在後座的二妹驅趕哈利回家。轉過巷子口，終於拼到街上，沒有看到哈利的蹤影，我們才大大鬆了一口氣！

　　看完電影回家，發現已經下過一場大雷雨，地面上還是濕濕的，抵達家門已經近晚上十點，一回到家家人就質問我們哈利怎麼沒有回來？原來家人這天晚上都沒有看到哈利，以為是跟著我們兩個人去看電影了。我們後悔為了看電影，沒有照顧到哈利，而且又下過雨，哈利怎麼可能找到回家的

路?我與二妹互相指責,家人一起出去附近找了一陣,都沒有結果,大家都累乏乏地去睡覺,半夜卻聽見有抓門的聲音,我們去開門,果然是哈利!他真是太棒了!下這麼大的雨還能找到自己的家!我們抱著他又親又吻,也不在乎他身上的臭味與潮濕了!在這次哈利失蹤事件之後,我們再也不敢不照顧他,對於他的聰穎過人,讚譽有加!

毛小孩的心裡祕密

哈利的聰慧是大家有目共睹的,他讓我們開始有了反擊的能力,生活不再那般被動無奈。我們也自他身上看到人要為自己爭取權益的典範。小時候住鄉下,狗狗也是「放牧」的狀態,可是哈利就是不一樣,他會待在家裡等我們回來;常常在放學回家時,哈利就跳到高高的窗台上迎接我們,矮短的身材要跳到近一公尺高的窗台可不是件容易的事,但是對哈利而言幾乎不成問題。

哈利與我們的互動相當好,也因此我們看到他許多優點與可愛處,特別是他會為我們伸張正義,這一點更是可嘉!哈利後來是突然沒有回來的,因為他跟著阿公去市場卻沒有

跟回來，我們問阿公，阿公只是淡淡地說：「吃了藥房的老鼠藥死了。」我們這些孩子們卻一直不相信，因為他連鄰居警察的老鼠藥滷肉都不吃了，怎麼會隨意吃外面的東西？但是我們等了很久，哈利終於還是沒有再出現，我們也是第一次有了失落的傷痛。

自戀

擺姿勢

　　家裡的狗狗都照過相，我們喜歡把他們的成長過程拍下留念，當然以前物質生活不充裕，像凱莉與哈利的相片就很少，但是後來養的狗狗就有較多的相片。仔仔拍照不會怕生，他只是乖乖的站著或坐著，除非我們替他安排一些姿勢；中中就不一樣了，他會盯著鏡頭看、還會擺姿勢！有時他還會應「觀眾」要求，把正在玩耍的動作「停格」，讓我

們完成拍照的動作！

　　中中自小就喜歡照鏡子，他每每經過客廳的玻璃櫥櫃前，就會刻意看著玻璃上反映自己的身影，翹首顧盼，那種自戀的模樣讓人又好氣又好笑！有時候他還會跟鏡中的自己玩哩，也不在乎有沒有人在旁邊看。也許這也說明了中中的自視甚高、有被寵壞的感覺。他也是家裡最聽得懂人話的狗，常常跟他說話，他都會有反應，當然當他脾氣拗起來的時候，可是什麼話也不聽的！而且會有明顯的「抗命」行為，也就是你叫他過來，他就走開！用硬的不行，得用軟的。即使是要讓他吃藥、刷牙，也要先好言相勸、安撫一番，要不然他就不聽你的，你也拿他沒辦法。我們有一些語彙只有中中會特別呼應，比如說在準備餵飯時，我會問：「Are you ready?」也只有中中會有反應，表示他準備好了！如果要洗澡，千萬不能把準備動作做得太大，因為這小子一見苗頭不對，會先去躲藏起來！有時候為了避免他聽懂，我們還要用英文或是注音拼音的方式在他面前做溝通。

　　由於中中好擺姿勢，當然我們拍攝的人也很喜歡這種合作態度，所以中中的相片最多，他也是機靈，一看到主人拿照相機，就會一直盯著我們看，有時候還會「測心術」似

的，跑去叼他的玩具出來，讓我們「更好拍」，真是不拍也不行了，連愛狗的照相舘老闆都會忍不住問：「這是什麼名犬啊！好上相、好漂亮！」我的答案是：「米克斯（mixed雜）種，很愛照相而已！」。

毛小孩的心裡祕密

　　中中其實是愛洗澡的狗狗，他常常會領先去洗澡，因為洗了澡之後很好聞、也很漂亮，如果有別的狗狗不願意洗澡，他就會多管閒事「叫」狗去洗，毛毛就最怕中中用吼的。中中真是愛照相出了名，他也似乎很能配合。在一般情況下，中中是循規蹈矩，也會尊重主人的意見，像是當他想坐上沙發時，通常會先用眼神「詢問」可不可以，如果主人沒有注意到，他就會用手摸主人，也是詢問的意思，如果你答應了就說：「好，上來吧！」他二話不說就跳上來，舒舒服服地坐著；倘若你不答應，而他又堅持要坐呢？很簡單，他就不理會你的抗議或喝斥，直接跳上去，叫他下去，他就突然「失聰」，裝作沒有聽見！中中的「選擇性傾聽」也的確讓我們吃了不少苦頭，但是我們人類又何嘗不是如此？只

聽我們想要聽的、不理睬不想聽的？這是我們第一次碰到這麼有個性的狗狗，他也讓我們見識到狗狗也有「獨特性」與「個殊性」，是需要全盤接受的。

🐾 哥倆好！（仔仔與中中）

溝通溝通

狗人狗語

　　毛毛會講話，大概不是來自中中的示範；中中是讓人又愛又恨的狗，因為他的自我意識太強、不像以馴服著稱的狗類，也只有他會跟主人「對吼」，表明自己不滿意處；好的方面也許會嘉許他有自己的規矩，不好的部分是他真是不乖、不討人喜！

　　中中要上廁所，會「叫人」開門；水罐的水沒了，他會

「叫人」去裝滿；要出去前廊看風景，也會表示意見；就寢時間到了，會告訴家人該睡了；吃飯時間差不多了，他也有催促的動作、甚至跑去廚房；出門兜風、他也不掩歡樂之情！家人買東西回來，還得經過他這一關「檢查站」，除了嗅嗅買回來的物品之外，也會「檢查」主人身上有無「異味」？中中對於「小狗」一詞最為敏感，因為在他加入這個家之後，陸續有兩隻小狗加入，小狗成為新寵，他會認為自己就是當然的受害者！因此，每每在叫不動他的時候，我們只要有人喊「小狗」，他就立刻飛奔出來想要一探究竟，這一招真是屢試不爽！中中對於人類語言的理解力是相當高的，甚至到達令人不敢置信的地步！除了之前說他會選他想聽的話聽之外，也似乎能理解主人語句的意義。為了要替他刷牙，他會努力抗拒，甚至呲牙咧嘴露出兇惡相，只要好言好語相勸，跟他說明刷牙的十大好處，他最後都會乖乖就範；要是這一招無效，當然最後我也只有使出殺手鐧，以威脅的語氣跟他做「對話」，命令他服從，他最後當然也不得不從。

　　只是有時候即使我們自認為很了解狗，但是卻大都只是猜測，不一定就是如此，有一陣子我們發現中中脾氣很壞，

只要毛毛一靠近或是說要刷牙，他就發脾氣，搞得我也沒有耐性跟他好好「說話」，後來醫師發現他的牙齒實在壞到不行，建議我們給他洗牙，但是一來他年紀大了，我們深怕有萬一，醫師再三保證不會有事之下，我們才願意讓他用氣體麻醉洗牙；果然洗完牙之後，中中精神也好多了，甚至願意跟我一起去散步！可見狗狗身體上的不舒服，是會影響到他的情緒與生活的，這與我們人類不都是一樣？

中中對於主人的情緒其實拿捏得很準，這也是他「吃定我」的原因之一；他在主人心情不好的時候，也會察覺到，就主動過來讓主人摸摸，希望主人可以消消氣；有一回我說話聲音大了一些，他就看著我走過來，然後在我身邊乖乖坐下！仔細想想中中也有他不說話的原則，其一是當他不爽時他不說，發現久了沒人理他時也就閉嘴了，此外當他發現進門的是主人時，就會吼一聲表示一下，不像其他狗狗那樣不斷窮嚷嚷，我們也是在這裡看到了他的智慧！當然在有必要展示他的雄威時，他也是很雄壯威武、絲毫不遜色！

後來我們也發現毛毛很有意見，但是她不知節制。往往家人回來，毛毛的高音就展現了無可抵擋的威力，她會一直吼叫到主人受不了為止！雖然這是毛毛表示高興的方式，但

是卻令人很煩！有時候主人只是上個廁所出來，她的表現就像失散已久的親人一樣，高興得人仰馬翻！由於毛毛許多超乎常理的表現，讓我們不得不去相信這一回真的是做慈善事業、養了一隻智障狗。老爸對狗狗一向沒有偏愛，但是他卻指出對毛毛的厭惡，後來我們解釋說：「爸，你養六個孩子都沒有智力或身體的障礙，但是有其他的家庭有這樣的小孩對不對？不管是怎樣的缺陷，都不是小孩也不是父母親希望的，不是嗎？」老爸聽懂了，後來每每看到毛毛都會搖頭、很同情地道：「可憐！」不過，智障狗雖然沒有很高的智慧，她的單純卻是很令人心疼的，毛毛其實也教了我們很好的一堂人生的課。

奇奇不太會吠叫，她只有在跟毛毛吵架時特別高聲調，一般的情況下，奇奇是用肢體語言表現的機會多，但是並不「多話」；不像中中如果被關在門外會叫門，毛毛會用爪子企圖把門打開，奇奇就像過世的仔仔一樣，會坐在外面，安安靜靜地等主人發現。奇奇也有許多撒嬌的動作，當她有所求的時候，奇奇會用身體揉主人、下巴靠在主人身上，這時候就有幾個可能要考慮，所以我們會問：「尿尿？喝水？看風景？」她會針對「正確」的答案做反應，因此如果她是要

「尿尿」，我們的「尿尿」問句一出，奇奇就馬上跳開，這就表示「賓果」—猜中了！

有一次我發現自己被奇奇「利用」！半夜睡覺時，只有我的房間的門是開著的，所以狗狗們也喜歡留在我的房間，奇奇基本上是跟著大妹睡的。有一回半夜，奇奇竟然爬上我的床，又磨又揉地撒嬌，我知道她是有所求，而且只有一件事她會來找我，那就是尿尿！於是我只好摸黑去為她開後門。平常如果只有我在家，她來找我是自然，但是有大妹在家，理應是找大妹—她的「養母」，竟然找上我了，不是因為她跟我關係好，而是她不願意「麻煩」她的養母！雖然這也表現了奇奇體貼的一面，但是我的心情可是有點奇怪的！

當然奇奇也有「張狂」的時候，尤其是她自外頭散步回來以後，就會等在要開的門前，一見到毛毛就開始用炫燿的語氣吼叫，意思好像是說：「我出去玩了，怎樣？」但是只要主人一吼，奇奇的氣勢就馬上下來了，變成模糊的咕噥，好像在說沒有人懂的外國話。

奇奇是一隻很懂人性的狗，在這之前應該算是仔仔最體貼。仔仔過世之後，奇奇有一段時間竟然會去咬骨頭、玩玩具，這些是她平常都不會做的，但是仔仔過世，她竟然會用

這些討好的方式來抒解主人們的悲傷。好大的一根骨頭啊！
她竟然還努力去啃，讓人看了很是心疼！

多多要看風景，就是坐
在門前、等人發現她的
需求。

毛小孩的心裡祕密

狗是會說話的,大部分是用他們的肢體語言,此外吠叫也是一種管道;他們不僅會說話,也會聽話。我們常常在奇奇與毛毛吵架的時候訓她們,毛毛就是一副無所謂的樣子,奇奇還會表現出羞愧感,當然吵架的事還是一直會上演,不會因為我們的訓斥而有所改進。狗狗以吠叫來表達他們的意見或想法,處久了也多多少少知道一些,因此可以做一些詮釋,而狗狗也很會接收。

我們也喜歡與狗狗互動,玩遊戲或是說話都可以,甚至是撫摸他們,都會得到很好的回饋。後來我們家來的新狗狗多多也是很會表達的狗狗,只要主人發現她做錯事,要懲罰他「打屁屁」,她一聽就馬上坐下來,不讓你打臀部,而且屢試不爽,如果因為她沒有做的事要處罰他,多多更是會「據理力爭」、不願就範!我不知道是狗狗學會了人的溝通方式,還是我們學會了狗狗的溝通方式?

關係變數

敵對

　　毛毛可以說是跟奇奇一起長大的，兩隻狗小的時候感情很好，幾乎是玩在一起、吃睡在一起；但是曾幾何時，毛毛與奇奇的情誼就受到考驗了！毛毛經過奇奇身邊，都要示威低吼，奇奇也會在不同時候趁機找毛毛的麻煩。毛毛是我們家第一個上廁所會開門也關門的狗。我們的後門紗門是往外推的設計，把門往外推開容易，但是要在外面用爪子開就需

要有點技巧了！毛毛就有這個本事，當然她還是用爪子來開；
她也會替中中開門，只要中中出去如廁、被關在門外的時候，
毛毛會去替他從裡面開門，然而很奇怪的，儘管毛毛對中中
還算尊敬、也願意幫忙，但是她從不肯為奇奇開門，這也讓
我們更不解為什麼她們兩個「女人」之間的嫌隙這麼嚴重？

我們真的猜不透兩個小時候一起長大的「姊妹淘」，怎
麼長大了卻視彼此為寇讎？家裡常常聽到她們在經過彼此時
低鳴的威脅聲，喊她們一下，會收斂一些，但是過一陣子又
故態復萌！毛毛會用她獨到的「臀功」（用屁股撞開人）來
對付奇奇，不知道她是自哪兒學來的功夫？奇奇因為個子太
小，平常沒有反撲的機會，何況她站起來的高度還不及毛毛
胯下的高度，只有在毛毛因為客人來訪，而被關進浴室要放
出來時，奇奇才會等候在門口襲擊！當然我們很不贊同這樣
的行為，因為像是「挾怨報復」，但是也無法讓她們心甘情
願地相親相愛！奇奇大半的時間都是躲離毛毛的，她不是在
客廳椅子底下蟄伏著、就是有必要經過毛毛時繞道而行！她
們兩個一般是遠遠觀望、很少打交道，偶而一起可能就是集
體行動的時候，包括迎接主人、看風景、上廁所或是散步時。

奇奇當然也有她報復的方式，雖然她可以擺出來的條件

的確不如毛毛，但是她也會利用自己體型上的劣勢來爭取優勢。比如說她就會在毛毛剛洗完澡、衝出浴室的時候，來個猝不及防的攻擊，這一招通常都可以奏效！當然，奇奇也像一般的狗狗一樣，在護衛自己的食物時非常兇猛，有時候她根本就是不吃，卻努力守著食物不肯離開！而在這個當兒，只要毛毛經過，奇奇就會大發雌威，那個氣勢可不是我們常常可以看見！

奇奇如果有機會出去散步，回來的第一個「示威」對象就是毛毛。從還沒進門開始，奇奇就開始預備，鼻息有劇烈的呼吐動作，在紗門外看到毛毛時，更是齜牙咧嘴、全身的毛都豎立起來了！當然一進門，主人要先有威嚇的動作、阻止她們進一步的拼鬥，否則會不堪設想。其實奇奇也難得有這麼「耀武揚威」的時候，偶而給她機會做做樣子，也沒有多大關係哩！

冬天的時候，奇奇與毛毛會依偎在一起取暖，或是共用一張被子，偶而看到奇奇與毛毛兩人相安無事、甚至和平共處，我們當然也會予以嘉賞，她們反正就是這樣打打鬧鬧、散發一些精力，要不然她們真的也很少有運動、消耗一些卡路里的機會！

🐾 奇奇會進房間去「討摸摸」

毛小孩的心裡祕密

不知道狗狗們相處的模式也可以像毛毛與奇奇一樣的時候，我們最不懂的就是她們為什麼後來分道揚鑣、彼此相應不理？難道她們也會記仇嗎？在同一個屋簷下生活，卻不能好好相處，就像是一家人不能和樂一樣！

　　我們也曾經發現過她們兩人相親相愛的簡短片刻，就是寒冷的冬天晚上睡覺，她們是可以擠在一塊取暖的，只是一到清晨醒來，原來的相處模式又繼續了！家裡也因為她們兩個人的打打鬧鬧，後來為了避免生事，只好儘量將她們兩個的活動分開。如果以心理學的理論來看，「人際關係」是心理健康的重要指標，毛毛的「狗緣」奇差卻又不知反省，相對地也可以看出健康的情況。毛毛與奇奇的矛盾關係也讓我們很頭痛，但是又不知道如何化解。即便是刻意製造機會讓她們相處，情況還是沒有獲得太大的改善，也許她們就是「八字不合、相剋」吧。

情緒傳染

狗性人性

　　奇奇在仔仔過世之後，彷彿知道我們的悲傷，會模仿仔仔的許多行為，包括湊近人的身邊用臉去摩蹭人，去討好人，也模仿一些仔仔特有的動作；這些行為反而讓我們更想念仔仔。奇奇本來就很順服，毛毛走失的那段時間，她甚至會跑去咬毛毛的磨牙骨頭、模仿毛毛，想要減輕我們的難過，即使那個巨大的骨頭根本與她的身材不成比例，也咬得很辛苦！

　　中中是個「軟土深掘」的狗，也就是吃軟不吃硬。我對於狗狗的管教比較分明，就是恩威並重，所以他們「討摸摸」都會找我，但是當我覺得有必要依醫師指示替他們做一些醫療動作時，包括刷牙、點眼藥、清理耳朵、餵藥、擦藥時，他們就很不容易「就範」了！幫中中刷牙尤其需要技巧，我後來就找了二妹在旁邊看，中中就會很乖，因為二妹握有一個很「致命」的籌碼：載狗狗去兜風！中中很明白這一點，所以不敢在二妹面前「逞兇」！這就讓我想起以前中中不乖，我們就可以找雄雄來「鎮壓」一樣！後來由我替狗狗們刷牙，其他狗狗配合度都很高，只有在對付中中的時候需要費一點勁；他心情好時，刷牙不是問題，但是誰又知道他老兄心情的晴雨計？到了刷牙時間還是得要有人去做。此時，只見中中往椅下鑽，怎麼喊都不理會，我就會很生氣地把牙刷往地上一摔，他就知道我生氣了，趕緊出來刷牙；有時這一招也沒用，我就進房間去，他當然會跟來，因為我的房間就是他的房間，這下子，我又逮到機會了！小小一個刷牙動作都會釀成這樣的狗與人的爭霸戰，許多人可能想像不到吧！

　　狗狗一般說來是不允許上沙發的，但是奇奇與毛毛就不願遵守這個不成文的規定。奇奇會固定在一張椅子上睡覺休

息，毛毛在每天就寢時間一到，不管主人是不是在旁邊，堂而皇之就跳上其中一個沙發；反而是中中，貪涼、不喜歡躺在沙發上。以前中中年幼時，還會佔沙發作地盤，有人在客廳，他還會很「客氣」詢問一下，也就是會先用手碰碰主人，然後看看沙發，如果主人說「可以」，他就馬上跳上去，但是多半不被允許，他老兄根本也不管，還是照樣跳上去！我們後來才瞭解，他所謂的「請示」動作，根本只是「禮貌性」的而已！仔仔與雄雄在沒有人教導的情況下，從來都沒有上椅子或沙發的大膽行徑出現！

中中是一個很有原則的狗，除了喜歡看風景的嗜好之外，也會在每天晚上吃過晚飯之後要求主人摸摸。他先是抬頭看看主人，看主人有沒有注意到他，如果主人看到他了，他會把身體靠近主人腳邊，倘若主人沒有正眼看他，他就會伸爪子提醒主人，或者就乾脆把頭靠在主人膝蓋上撒嬌！我相信中中想要的關愛是很多的，因為他討摸摸的次數很高、時間很長，而且在撫摸他的時候，還要關心到他的心情！這一點與仔仔就有天壤之別，仔仔不會主動討摸摸，但是他對於主人的撫摸都是存著感激之情！我在仔仔年紀大時，就會在撫摸他時同他說話，我希望他可以「善始善終」，希望他可以

記得在生時得到的許多關愛與感激、還有他的貢獻，我也告訴他我真的很高興生命中有他的陪伴，讓我學到珍惜與感謝。

仔仔在聽到主人的爭吵時，會忙得兩邊跑，希望可以做一些和事佬的動作；中中的反應不一樣，他會警覺到家中氣氛不對勁—主要是有人大力摔門或大吼，所以他會表現出害怕的模樣，找主人摸摸安慰，多多則是會擔心地在一旁吼叫。每隻狗都有他／她的獨特性情，真是非常精采！

毛小孩的心裡祕密

我們養狗像養孩子，也因此每一隻狗都是我們的寶貝，因為要「適性適教」，所以了解他們的個性與癖好是很重要的。雄雄的高貴、仔仔的善良、中中的聰慧、毛毛的奇怪、奇奇的順服以及多多的可愛，都帶給我們許多的樂趣與領悟。反之，狗狗一旦進入一個家庭，就視此為自己唯一的家與歸屬，因此有狗狗「戀人不戀家」的說法，我們也聽過許多狗狗的忠誠故事，也見過對主人不離不棄的狗，他們是這麼對我們，我們人類又怎能不投桃報李、同樣回饋？

　　由於狗狗過世是很大的失去，曾有家人勸我們不要再飼養，這樣就不會有悲傷，但是我們發現狗狗帶給我們的歡樂比悲傷要更多，也讓我們提早領會生命的一些課題，他們的貢獻真是太大太大了！

　　狗狗一般會從主人的語調裡猜測意思，而他們對於感受人類的情緒敏銳度真是高超！我不知道狗狗怎麼會有這項能力的？因為同是人類還不一定可以感受人類的感受哩，他們是怎麼辦到的？

生命之歌
——生命是
互相學習的

　　仔仔就像我的兒子一樣,他跟了我們十五年,真是鞠躬盡瘁、死而後已!在他生命最後的那段日子,由於家中出現巨變,突然之間負債累累,我當時在外縣市上班,也不能幫上什麼忙,所以家人可能就忽略了照顧仔仔,結果發現他頭部歪斜、耳朵有異味時,已經無法挽救他的聽力,後來他又因為免疫力不足,受到褥瘡的侵襲,最後也因為久長的癌症

過世。我記得他生前最後一次我帶他去獸醫院診療褥瘡，他就跟我慢慢走去醫院，我們母子倆走了三十多分鐘的路，到達醫院卻發現時間太早，可是天又下著雨，若是折回去，又需要體力與時間，可能不是仔仔可以負荷，所以我們就近在醫院對面的一個小學操場休息。以前仔仔與我常常來這裡散步，現在兩個人都有了年紀，可是還是有很棒的回憶。雖然仔仔已經聽不見我說話，但是我們就在操場座椅旁這樣靜默地坐著，我會跟仔仔說話、也摸摸他，我告訴他我很高興有他這麼一個好兒子，仔仔好像也知道我的心意，不時會抬頭看看我。後來醫院門開了，我們就去就診。

那一天很神奇的是：全家人都不約而同回到家了。仔仔因為褥瘡的緣故，醫師擔心他的長毛會讓空氣不流通、妨礙到褥瘡的癒合，所以要我們想辦法讓仔仔的下半身可以「通風」，於是我們就綁住仔仔的一隻腳，逼他躺著。也因為這樣，仔仔不能自由行動，他偶而就會在當地便溺，把自己弄濕了，我們會去處理，那時他就會有羞赧表情地用另外一隻手摸摸主人，好像表示感謝。這一天我覺得綁久也要讓他輕鬆走一下，所以就解開了他的束縛，仔仔先是去後面尿尿，他走路不穩、我還扶了他一把，然後他進來，朝水罐方向

去，因為他已經有幾天沒吃東西了，所以我依照醫師指示，弄了一些糖水給他喝、讓他補充一下體力。當我看見他喝糖水了，當然十分高興，於是就把預備的雞肉企圖放進他口裡，但是他卻兩眼茫然地拒絕，這竟然讓我十分生氣！後來他往客廳方向走去，才到達他最喜歡的墊子邊，就突然全身無法控制似地趴下去，這一舉動嚇壞了我們，趨前一看，仔仔已經死亡！

　　仔仔用他的生命教育我，包括最後的一刻！他連在死亡前也要親自去解決他的便溺，不勞駕他人，死得很尊嚴。我大哭，後來是家人阻止我，他們說這樣仔仔會不忍心離開，於是我改成低聲告訴仔仔我的感謝與不忍，希望他在另外一個世界可以過最好的生活，不必在人間受苦。我後來夢到仔仔，他在半空中、與我相對的位置，他來跟我說再見。後來我們又經歷了中中的生病過世，他也一樣，好像知道自己天命將屆，把一切便溺處理完畢，而且還選在我回家的那個禮拜天離開。那天早上我發現他眼神迷離、好像沒有意識，急急召集家人商量，後來他略為恢復意識、只是一直昏睡，直到晚上八點多，他有嘔吐不出來的痛苦，我就抱著他、請家人來協助，沒想到他就斷了氣。之前在仔仔過世時，我後悔

沒有好好照顧他、讓他去得這麼痛苦，所以我告訴自己，如
果中中過世，我希望他是死在我懷裡，的確那一天一早，我
發現中中不對勁、眼神十分迷離，感覺好像是彌留狀態，雖
然中中已經病了一段時間，甚至左半邊也出現褥瘡、表示他
的免疫力在退化，只是我沒有料到他會走得這麼快，而且在
這一段時間，兩位會氣功的妹妹也持續每天替他拍打，希望
減少他的痛苦，也同時維持他的生命力，當然氣功的拍打是
很痛的，只是中中都可以忍受，因為他還活躍的時候只要身
體不適、就會主動去找主人醫治，他真的不怕痛。當然我後
來想想：我們也太自私了，為了多讓他活一天，他卻必須承
受很多的身體痛苦！只是，我們真的捨不得啊！

毛小孩的心裡祕密

　　仔仔的死亡，讓我有近乎喪子之痛般痛不欲生！中中的
過世，也讓人悲不能忍。有好一陣子的悲傷創痛期，家裡的
一事一物都會提醒我們他曾經存在。狗狗知道自己生命將
盡，因此鼓足了氣力，把一些排泄的私人事情做了處理，不
要主人費心！有位朋友飼貓十多年，這一天貓咪靜靜離去，

也在往生之前將自己清理乾淨，這些作為更讓主人難過！

　　仔仔的死讓我見識到尊嚴的生命，即便到了最後一刻也不放棄該做的事。仔仔是在我們生命最艱困的時候出現，當時我們三個姐妹還過著寄人籬下的生活，後來是從一間貸款的公寓開始，立業、成家，他始終忠實守候、毫無怨言，也因為有他在，我們才可以放心去衝刺、努力，他沒有跟我們過好日子，卻在家境慢慢步入較自在的時候離開！中中與死神搏鬥的精采，讓我們見識到生命的力量與美麗，我謝謝他們。

習慣與性格

貪涼與洗澡

我們家沒有冷氣的時候，仔仔喜歡跟我們去開冰箱，冰箱一打開、就有一股冷氣襲來，仔仔也在門底享受清涼，我也喜歡偶而貪涼、吹吹冷氣！後來的中中，也有他貪涼的一些創意點子。中中會選浴室作為休息的地方，他就躺在近門口處，雙「手」墊在靠近下巴的地方，怡然自得！再不然，中中就會享受他「雞雞涼涼」的仰臥特權，我們有時候嫌他

的這個姿勢「不雅」，口訣就是「雞雞涼涼、戰勝艷陽」，
他還是依然故我。我們發現中中所選擇的地點，的確都是很
涼爽的地方，不管是客廳靠近外面的椅子底下、電風扇吹到
的地方，或者是乒乓球桌下，固定的幾個地點好像是他的地
盤，其他狗不能「染指」，只有奇奇除外！由這一點也可以
看出中中的偏心。家裡只有中中會在浴室玩水，也是有一次
無意中發現他竟然一個「人」用爪子玩臉盆裡的水、玩得天
翻地覆，我們聽見水聲跑去，他還忘我似地沒有察覺，後來
轉頭看見我們也嚇了一跳，好像做錯事被「抓包」一樣，那
個表情實在精采！

　　當然洗澡是最方便消暑的方式，狗狗也很喜歡在溽暑天
氣，泡在涼透透的水裡。更早的時候，家裡只有雄雄跟仔
仔，因為他們兩個都會跟著人走、不會頑皮跑開，所以我們
會帶著他們去山上的泉水邊，許多人會在那裡洗車，而雄雄
就會一躍而下、好好泡一趟澡；仔仔本來害怕，但是因為衝
著他會跟著主人，所以我們就下「海」示範，仔仔必然會跟
著，也慢慢學會了享受戲水之樂；後來是因為大環境改變
了，許多自然生態都被文明的高樓所佔，加上繁忙與複雜的
交通，我們出門散步都不能像以往一樣不用鍊子。奇奇本來

喜歡洗澡，但是後來因為皮膚病的關係，必須每天用藥物洗澡，所以一提到「洗澡」，奇奇就會模仿中中「發瘋」時的行為：跑去後門那裡，躲在洗衣機旁的小縫處！當然最後她還是要面對殘酷的事實。洗澡其實是很好的一種消暑方式，中中最喜歡，以前仔仔還在的時候，偶而會逃避洗澡，都是中中像牧羊犬一樣把仔仔趕到浴室裡的。中中喜歡洗澡，而且他知道在洗完澡後會有許多特權，包括可以吹風（機）、享受擦拭與撫摸，有較多主人會願意抱他、摸他，他自己也覺得變帥了！中中連走路的姿勢都會變得「趾高氣昂」起來！通常中中洗澡會是第一順位，但是偶而他也會拿蹺，故意不進浴室，而是走來走去，一直在浴室門口探頭。

當然狗狗洗澡都是一次完成的，然而有一次中中實在太過分了，連著叫幾次都不進浴室，寧可在門外看其他小狗洗澡，於是我們就把洗澡工具收起來、不替他洗了，中中的反應當然很是錯愕，後來還一直「叫」我們，彷彿是在提醒：「喂，你們是不是忘記什麼了？」我們才不理他，經過這麼一次，往後他還是率先士卒乖乖地在浴室等待。

替仔仔洗澡其實也不費多大功夫，因為只要說「洗澡」，仔仔就會自動去浴室報到，而且門開著他也不會「逃跑」，

偶而他會躲，但最終還是乖乖就範。替仔仔洗澡，從來就不必擔心他突然跑出浴室、或是在還沒洗好之前就有甩毛動作，他都是依主人的口令行事、沒有逾軌。毛毛也喜歡洗澡，而且他認為洗完澡之後就可以很大方地坐上沙發、不會受到主人的指責。毛毛洗澡的時候，隨時隨地都會甩毛，這可能與她愛乾淨的習慣有關，如果主人叫她「噗噗」甩毛，她更是絕對遵照。後來加入的「多多」是個胖子，以前當流浪犬的日子可能沒有洗過澡，所以當我們第一次幫她洗澡時，她哭天喊地，活像我們冤枉她一樣！第二次洗澡，她就比較能夠享受了，只是就是不讓我們用吹風機替她吹乾，老是把吹風機當成敵人，吠叫不已，看樣子還有一段「奮鬥」要期待。很有趣的是：縱使多多不喜歡洗澡，但是她卻很喜歡洗完澡的我們，每每洗完澡，多多就會特地膩過來親人，而且有時候還「狂吻」主人，令人招架不住，真不知是什麼道理。

幫狗狗洗澡的時候，我喜歡一邊跟他們說話，每隻狗都需要被疼愛、覺得自己很特殊，所以洗澡正是最好的時機，可以替他們做按摩，狗狗們也喜歡我們用毛巾擦拭他們身體，他們會埋首在大毛巾裡，恣意享受那種舒服。中中這個

風少年最喜歡替他用吹風機吹毛的過程，他覺得好像是全身馬殺雞，而且毛吹乾之後，全身香噴噴的、也很漂亮！毛毛與奇奇本來不喜歡吹風機，但是後來也慢慢習慣，而且視為一種特權。多多洗完澡後喜歡玩毛巾，而且玩得無法無天，簡直像瘋了一樣，但是她卻將吹風機視為仇敵，與之勢不兩立，連主人使用吹風機，她也會遠遠避開，深怕遭受池魚之殃，而且她還要等到主人把吹風機收好、放回原來位置之後，才會過來與人親近。

🐾 中中知道家裡最
涼爽的地方。
（旁邊是奇奇）

毛小孩的心裡祕密

　　以前只有雄雄常跟我們到海邊散步，雄雄也不喜歡海的多變，但是只要主人走下去碰觸海水，他就會跟著下去，要不然他也是儘量避開。也許只有少數狗狗願意主動與水親近吧。跟狗狗親近的最好方式之一就是洗澡，主人與狗狗的近距離接觸，加上撫摸的效果，狗狗也很能享受。多多對洗澡的抗拒，可能有一些先前不好的經驗使然，但是只要主人的愛足夠，這些莫名的恐懼也有可能會慢慢獲得控制。

　　同樣是以吹風機替他們吹乾，狗狗們卻有不同的反應，中中的恣意享受與多多的避之唯恐不及，成了強烈對比！多多的確視吹風機為怪物，即使是主人在使用，她也只是遠遠觀望、不敢靠近。

　　在家裡唯一會享受玩水之樂的也只有中中，我們發現他會自行玩水也是無意中撞見，當時因為停水，所以就在浴室儲存了一些水備用，我下班回家，聽見浴室內有潑水聲，於是趕緊去看，看到中中正玩水玩得忘我，突然他看見我也露出驚訝的表情！後來只要一到夏天，我們就會在浴室裡準備

一盆水，讓他可以玩玩，只是事後怕他感冒，還是要替他吹乾毛才行！中中貪涼是跑去玩水，仔仔卻是去冰箱吹「冷氣」，他們各有自己消暑的方式，真是有趣！

自由與自律

不自由毋寧死

　　我們家的狗狗平常很少用鍊子，他們基本上是可以在家自由走動的，即使是剛開始訓練他們出門，也不需要用鍊子拴住，一樣很聽話。我記得以前因為擔心小狗走失，就給多福（凱莉第一胎生的孩子）上過鍊子，但是才兩個月大的多福卻與鍊子抗爭多日，不肯鬆口，較之一般小狗的抗拒，真是有過之而無不及，後來只好不綁鍊子，而多福的行蹤也不

需要鍊子來約束，因為他總是跟在主人身邊。

　　最常被綁的是雄雄，因為有母親凱莉的可怕經驗，我們擔心他會莫名其妙就被刻意傷害，所以只好把他綁在門外一整天；因此雄雄最喜歡的就是家人一個個從學校回來的時候，不僅是因為看到一日不見的主人，還可以為他「鬆綁」、讓他憋了一天的生理需求可以得到解放！說起來真是難為雄雄了，他是寧可忍到最後受不了了，才會在綁他附近的地上便溺，要不然他寧可忍受。綁雄雄的另一個原因是，許多小朋友會來我們的天井玩耍，小孩子本來就頑皮，偶而會逗弄雄雄，這樣子持續下去雄雄就很可能被激怒，會有一些自衛的動作出現，當然這只是我們一廂情願的擔心，預防多一些總是好的。

　　來到台北之後，雄雄幾乎都沒有被綁的經驗，他連出外散步也是中規中矩、不需要主人特別提醒，因為他是隨侍在側、寸步不離！仔仔也沒有被綁的經驗，他的自律精神很好，除了散步時擔任斥候的角色、會照顧到其他人之外，偶而會童心大發，追追會移動的動物，但是他不會傷害他人或其他動物，甚至連小朋友都很喜歡他，在路上看到都會想要摸摸他，有一回一個小朋友就走過來、拍了他一下，結果仔

仔就躲開、吼了一聲，小朋友被嚇哭了，那位媽媽就跟我們
要了幾根仔仔身上的毛，說是回去做「收驚」之用，其實仔
仔很和善，他只是被嚇到了。

　　中中、奇奇、毛毛三個因為活動範圍是在家裡，因此只
有帶他們出去散步時才會使用鍊子。他們享受自由慣了，也
知道自由的可貴，其實出門綁鍊子是為了安全，現在的道路
交通不比以前，常常看到汽機車在馬路上橫衝直闖，有時身
為人類都無法全身而退，何況這些不懂人類交通規則的狗狗
們！有時候覺得狗狗本來就是屬於奔跑、野外活動的動物，
把他們關在家裡，雖然有一點活動空間，但是畢竟還是太
小、有違動物本能，他們也許真的很想念在野地自在奔跑的
時刻吧！

　　多多與毛毛是最反對被狗鍊束縛的，除非是上了狗鍊去
散步，否則他們都認為是受到處罰。毛毛會想盡辦法掙脫，
綁了兩條狗鍊還是可以成功脫除（她是我們家的「脫逃專
家」），多多則是低鳴不已，讓人覺得自己很殘忍。原來，
自由常常是被我們視為理所當然的，只有在失去的時候才會
覺察到。

毛小孩的心裡祕密

　　狗狗不喜歡被拘束、綑綁，這與人類愛好自由是一樣的，只是要享受自由之前，必需先學會自律，才可能真正享受！在台北居住，很難找到可以讓狗狗盡情奔跑的地方，許多的公園或學校也因擔心狗狗的排泄物而禁止蹓狗，這樣對於狗狗心情的壓力紓解就是養狗人的一大難題。我們是飼主，希望對於狗狗的生命健康與安全負責任，也希望他們可以有很好的生命品質，因此蹓狗也是應該的責任之一，只是現在交通太亂、又沒有專屬狗狗的遊戲場，每每要帶狗狗散步，也需要冒相當的危險，包括交通人車、其他動物的攻擊等，散個步就讓人身心俱疲！也許，狗狗應該養在農家或是有很大活動空間的人家，而不是像我們飼養在公寓內，不能夠提供最好的照顧。

　　我記得每每帶多多去擎天崗的大草原，她可以在廣闊的草原上盡情奔跑，回到家之後，她都會特別滿足，一直舔主人表示謝意，而且那一天晚上就會睡得特別好，我們的心情就很複雜，因為這樣的機會不多，但是卻看到她這麼歡欣鼓舞，又感激萬分。

愛與隸屬

姊弟情深

多福是男生，達達是女生。多福總是一副憨憨的模樣，達達比較精明，他們兩個之間的親密不是我們可以形容的那種手足之親。達達的表現好像老大姐，常常是她在照顧多福。多福很相信人，也很忠心，他會很安靜地在一邊陪伴主人。我們在廚房忙晚餐的時候，多福通常就在廚房門口等候，有時還會等到打瞌睡，真是有趣！

　　多福與達達都是凱莉第一胎生的孩子，達達像是一位好姊姊，對多福的照顧無微不至，有好吃的兩個會一起分享，平常玩得也很愉快！多福是個傻大個兒，圓嘟嘟的、模樣很討人喜。他常常等在廚房門前看主人燒菜，等到打瞌睡也還是堅持，有時看到他頻頻「點頭」卻仍不願睡去，會被他的忠誠所感動。達達的聰慧是我們僅見的，她很懂人說話，雖然有時候我會嫌她「奸巧」，也許有自己對人類價值觀的批判在裡面。有一回抓到達達夥同多福爬到沙發上吃鱈魚香絲，兩隻狗狗已經是吃得忘我的地步，當時我記得我們只懲罰達達，認為一定是她帶頭，要不然以多福敦厚的個性應該不會這麼大膽！達達也不會覺得自己冤枉，她只是默默承受。達達學習的速度很快，幾乎不用教第二遍，便溺的習慣也很快就會，長相機靈。我們拴多福、不拴達達，主要就是因為達達不會隨便就走失。而我們也發現達達彷彿會教多福一些我們的規矩，多福的許多行為其實也是跟著達達在學習，因此我們只要讓達達知道，通常她就會主動「傳授」多福！

　　達達與多福是當時惟「二」留在家中的小狗，兩隻狗狗相依為命，禍福與共，達達表現得很像會照顧弟弟的好姊姊，只要她在，多福就在旁邊。達達很聰穎，而多福相較之下就

顯得憨厚，也許當時因為家庭環境的緣故，我們經常受到鄰居的欺侮，所以會把一種莫名的情緒轉嫁在狗狗身上而不自知，對於達達的聰穎反而詮釋成「奸詐」，也因此對達達不夠厚道！但是達達都不表示，這也是讓我們後來緬懷的地方。

我們在養多福與達達的時候，還不知道狗狗有流行病，需要施打疫苗，所以在發現一向聽話的達達突然沒有主人授意，就往菜園方向走，也覺得很納悶，趕緊叫達達回來，但是很奇怪，達達好像很悲傷，她雖然聽到我們的呼喊也頻頻回頭，但是就是不肯往回走，後來就死在菜園的某個角落。我們後來聽大人說，狗死都不死主人家的，才瞭解達達的用意。獸醫說達達感染了痲疹，擔心多福因為藉由空氣傳染的途徑也感染了，但當我們發現多福不吃東西的時候，為時已晚！多福也像達達一樣往菜園方向走，不理會我們的呼喊，這一次我們把他抱回來，希望獸醫可以想想辦法！多福挨了很多針，但是情況不見好轉，在他臨終的那一刻，他還輪流看著我們，可能發現最疼他的大妹不在，於是他還睜開一隻眼等待，多福過世的時候，左眼還是睜開的。我們把他跟達達葬在一起，也是希望他們死後依然可以在另外一個世界作伴。

　　從養育達達與多福的經驗裡，我們才知道要給小狗打預防針，達達與多福用他們的生命教給我們這個寶貴的教訓；從此之後，我們照顧收留的流浪狗就相當有經驗了，也不讓小狗無辜受到不必要的傷害。

毛小孩的心裡祕密

　　達達很聰慧、多福則是老實，兩個姊弟各有特點，只是我們會更心疼多福的憨厚。我記得多福最喜歡陪在主人身邊，我如果在廚房忙，他就會守候在廚房門口，有時候等得累了，就會點頭打瞌睡，模樣很爆笑，但是他不會躺下來就這麼睡著，突然醒過來時，還有點不好意思！我們常常會跟他說：「想睡就睡呀，沒有關係。」而在多福的觀念裡好像只要主人醒著，他就不應該睡著，要不然不算盡忠職守。達達很照顧多福，有好吃的絕不會少了多福的一份，而多福也與達達相依相伴、嬉鬧睡覺都在一起，也許這也是我們第一次看到姐弟情深，與我們當時手足相依為命的情況類似，因此特別有感慨；有時姐妹或兄弟之間口角，瞥見達達與多福的親密，也令我們汗顏吧。

　　凱莉是我們養的第二隻狗，我們也沒有經驗，只知道陪狗玩耍，不知道要照顧他們，達達與多福給我們很棒的童年，也讓我們看到手足的濃郁之情，他們是用他們的生命在教導我們。

大智若愚

毛毛的智慧

　　從毛毛長大到開始出現「行為上的問題」之後，我們就體諒她可能真的是狗類裡的「下智」，對她也不敢要求過多。之前她的名字就是敲不定，因為她對名字都沒有反應，後來三妹就以客語喊了她「傻妹」，她竟然把耳朵豎起！於是在屢試不爽之後，決定以與客語「傻妹」相近的「毛毛」取作她的名字。很奇怪地，她就開始會對自己的名字有反應了！

　　光是名字這一項就折騰了這麼久，我們可以預計其他訓練的艱辛。像是到後門的走廊上上廁所，毛毛學了很久才會，所以以前中中就會報她的「隨地便溺」的小消息讓我們去「抓包」！後來毛毛終於也學會了，只不過她還是很「龜毛」，因為她有類似的潔癖，別隻狗尿過的地方，她是不屑去尿的，所以常常替她開了紗門，她就會在外頭徘徊很久，不像其他狗狗的速戰速決，更討厭的是：如果她發現幾乎都沒有一塊乾淨的淨土時，寧可不便，就這麼打道回府，但是過一陣子，實在是受到「自然呼喚」太急切了，又會去抓門，或者乾脆自己開門出去！夏天的晚上，最怕她老大姐去後門解手，因為我們擔心蚊子會進來，所以就要忍著睡意去為她開門，偏偏她又會磨菇，真是添加人的挫敗感！

　　我們一直以為毛毛沒有聰明智慧，但是她的表現有時候又是出人意表！比如說中中會在客人未進門前表現兇狠，客人進門坐下之後，他就一反方才的兇惡，還會磨蹭在客人身邊討摸摸，真是一點氣節也沒有！毛毛就不是！她會堅持到底，客人落座之後，只要不動，她通常就只是在一邊吠叫，要是客人一動，她可就馬上撲過來！所以要讓毛毛熟悉一個新客人，還真是有點難。

第一次看到中中從獸醫那裡剪毛回來，毛毛的表情是很精彩的！她真的是被嚇到了，馬上飛奔到屋裡去，好一會兒才「確認」看到的那隻無毛的奇怪東西，真的是自己熟悉的老大中中，才「恢復正常」。還有一回，二妹不小心把自家房門上鎖了，只好從窗外進去，開門自房間出來，毛毛竟然也嚇了一跳！我們當時發現：毛毛其實不是笨，而是她的思考方式與我們不同！

我們最喜歡毛毛歡迎我們的模樣，因為她總是不掩飾自己的歡喜，全然表現出來，她會上上下下地奔跑，而且會對著你一直高興地叫！她的單純，給了我們很多的省思與安慰。毛毛因為她的「奇特」，所以不像其她狗狗這麼討喜，其實她是很懂得感激的，只要替她抓癢、天冷蓋被子，或是摸摸安慰她，她都會用感激的眼神望著你，偶而還有眼淚快要飆出，有時候我也會譴責自己對她真的不夠好。

毛小孩的心裡祕密

每隻狗狗都有他／她的智慧，只是巧妙不同。我們之前所飼養的狗狗大概都是一般智商以上，所以沒有發現特別困

難之處，但是毛毛的出現也讓我們知道，的確，動物的天賦
也有所不同！這個領悟也挑戰了我之前以為自己對人事物客
觀公允的實際，因為我的確做不到。毛毛的個殊性也不得不
讓我們重新去學習怎麼去對待與我不同的族群，因為「不同」
並不表是「優劣」，我們常常以自己的立場是對的、在上位
的，而在心裡有了區隔，表現出來的就是「差異待遇」。

　　就像文化不同，測量智商的方式也應該有差異一樣，毛
毛也許就是狗社群裡的異類，需要由不同的路徑來了解。懂
得去欣賞不同，而不是去區分差異，也許世界大同並非難事！

尊重不同

不一樣

　　毛毛來我們家的情況很不一樣，其他狗狗幾乎都是我們
在街頭撿到的，但是毛毛是大妹的朋友家的狗，因為毛毛的
母親生產過痛、咬舌自盡，因此留下毛毛與她的哥哥，後來
哥哥又因為誤闖交通、橫死街頭，因此狗主人想將毛毛送
走，我們是在這樣的情況下開始與毛毛的情緣。

　　毛毛剛來不久，我們家的中中與家人在外面散步時、撿

回奇奇，因此奇奇與毛毛幾乎是在同時間被我們收養，她們小時候都可以玩在一起，但是曾幾何時，兩個「人」就彼此分道揚鑣，即使分開去散步、半路遭遇，也會呲牙咧嘴、不給對方好臉色。

毛毛過世前半年，因為耳朵發炎、動了一個手術，但是她的情況似乎沒有因此好轉，可能是因為年紀太大了（超過十六歲），免疫情況也不佳，只是她還是很認真過生活，除了因為曾經中風、行動略有不便之外，她還有些許的聽力，只要聽到其他狗狗吠叫、還是會跟著叫，她晚年的視力比奇奇好，而且她的健康狀況也一直很不錯，她也是家裡最喜歡陪主人運動的狗狗，即便年紀老大，還是可以跟主人走很長一段路，當然我們也發現她的步履越來越蹣跚，但是可以牽著她走路散步，還是覺得是很幸福的事。

知道毛毛年紀大了，健康情況不如以往，我們知道她離開我們是遲早的事，只是不願意去承認。每回我回台北，總是會去跟毛毛、奇奇多接觸，甚至跟她們說話，毛毛總是可以反應我對她的觸摸。妹妹描述毛毛要過世之前一晚，還特別去跟奇奇一起睡覺，隔天早上，二妹一打開房門，似乎感覺到毛毛是在等她，妹妹看見毛毛要進浴室尿尿，就扶了她

一把，沒想到毛毛竟然尿了一大泡有藥味的尿，後來想要將不便的前腳伸直、卻只是在顫抖，於是妹妹就用氣功協助她、也告訴她可以好好行走，但是毛毛卻尿了第二泡尿，接著就兩腳往前直伸，沒有了生命氣息。最近才來到我們家的安安，一直把毛毛當成媽媽，她急著去舔毛毛，以往毛毛都會睜開眼睛，但是這一回卻沒有，安安變得非常急躁，尤其是當天晚上火葬場的人要將毛毛帶走時，安安卻很不安地一直來回、看著主人與毛毛的方向，也許因為安安還沒有目睹過死亡，所以不知道這位她常常仰賴的「母親」已經離開。

　　一般的狗狗可能一、兩天就知道自己的名字，但是毛毛卻對自己的名字沒有特別感覺，我們當時還覺得很失望，以人類的觀點來看就是養了一隻「智能障礙」的狗狗該怎麼辦？於是我們為她連換了幾個名字，突然之間有一次妹妹以客語說她是「傻妹」（發音像「毛毛」），於是就以毛毛命名，她也開始了解自己的名字是「毛毛」。毛毛的神經質我們一開始就知道，她只要聽到外面特別的聲音，就會塑起耳朵，有時候還會驚嚇逃跑，久久才出來見人。有一回我們讓中中剃了毛，結果毛毛一看見「全新」的中中出現，嚇得急忙往屋內跑，害得中中也「以為」自己是「怪咖」，好一陣

子都是躲在桌子底下、不敢出來。另一回,毛毛跑到我的房間跟我說早安,但是卻被中中的大吼聲給驚嚇到不能動彈,當時我以為她休克了,急忙叫了計程車去找獸醫,沿途還用手一直揉她、給她按摩,她終於醒轉;抵達獸醫處,獸醫診斷是驚嚇過度,還給她打了鎮定劑。

　　毛毛有一回趁著妹妹將大門打開、下去拿東西的當兒,竟然跟著下樓,但是卻找不到主人,自己就這樣走失了,我們花了很多時間去詢問附近店家,也開始尋找她的許多動作,包括張貼她的相片、描述她的長相與習性,甚至邊找邊擔心,以她這樣的「智力」與無知的生活經驗,該如何在街上生存?毛毛是在教師節那一天走失,卻在中秋節早上走回到家門口!我們不知道她在流浪期間發生了什麼事?吃了多少苦?但是看到她可以安全回來,對她的評價就提升很多!然而,毛毛也開始會有一些驚嚇與害怕。我們發現回到家時,毛毛常常是躲在不應該出現的地方,像是衣櫃或是日式床上,要呼喚好一陣子,她才會讓我們發現,當然有時候傢俱會因此而受到破壞,但是我們不知道她為什麼會有這樣奇怪的舉動?後來我們發現,只要聽到外面有大貨車經過的聲音,毛毛就會非常驚慌,抱著她也無法安撫她的激動情緒,

　　儘管我們一直向她保證在家裡很安全，但是心裡的創傷已經造成，這是她走失的唯一後遺症，一直到很久之後，她的驚嚇才消失。我記得有一回我第一個回到家，卻看見地上血跡斑斑，我沿著血跡找到在日式榻榻米上的毛毛，發現她因為失血過多、幾乎呈昏厥狀態，緊急驅車去醫院，縫了不下二三十針，幸好保住一條命！原來她因為聽見大貨車聲，跑到日式床上，卻因為撞翻了那裡的一塊大玻璃，卻不知道要閃躲，白白讓自己身上多處受創！我們每次出門，都會很擔心回家的情況，更擔心毛毛出什麼意想不到的狀況，而且其他的狗狗也幫不上忙啊！

　　毛毛高興的時候會前前後後地奔跑，尤其是家人回來的時候她最高興，於是她就用自己的方式來表示，讓我們看了也很動容！毛毛的高興很單純，雖然她仗恃著自己個子高，常常跨在奇奇頭上、欺負奇奇，但是她並沒有惡意。毛毛也是二妹最好的運動夥伴，她可以走很長的一段路卻不喊累，一直到她年紀老大，即便是生命的最後一段時間，我們帶她出去散步，她還是可以堅持走很久，連她晚年因為中風、左後腳行動有一點不方便，但是只要散步，她還是很高興。

毛小孩的心裡祕密

雖然毛毛是這麼不一樣的狗，我們有時候會很煩惱，但是她的不一樣、也就是她之所以是她，展現了她特別的風格。我們每個人不也是如此？希望別人也接受我原來的樣子？自我心理學派的阿德勒提到「每一個人就像一棵樹，有不同的生命形態」，狗狗是不同的個體，當然道理也一樣。因為毛毛的不一樣，讓我們的容忍度更高，也見識到不同生命都有他／她的美麗之處，只要讓他們都可以適性發揮、好好過生活，就是對生命最棒的詮釋。

雖然剛開始，我對於毛毛這樣特別的狗不知道該如何對待？但是後來也可以開始看見毛毛的特殊，尤其是她的善體人意。毛毛出生時的創傷、加上後來流浪七天的經驗，我在臨床工作上常常目睹類似的當事人，也了解這些創痛的負面影響力。幸好毛毛是生長在我們家，我們可以給她足夠的愛，彌補以前的不足，也很感謝毛毛出現在我們的生命中，讓我們看見不同並不是不好，而有更多的寬容與體會。

利他行為

親人狗

多多是一隻很喜歡親近人的狗，她的人氣也很旺，只要一出門幾乎就成為萬人迷，小朋友喜歡她、女士們覺得她可愛、男生也愛逗她。她與奇奇相反，奇奇不喜歡讓不熟悉的人摸她。

多多的許多習慣也讓我們像丈二金剛、摸不著頭緒。比如說她一來，就讓家裡的狗狗們改變了飲水方式─大家都開

始學她用鼻子頂著杯緣喝水，連中中也不例外；她吃飯的規矩也很好，會在主人準備晚餐時開始玩玩具、表示她的興奮；她吃東西不會挑，只要是在她碗裡的任何食物，她都一概吃光光，連蔬菜水果也不放過；她吃飯會從左邊或右邊的順序開始，慢條斯理地完成，也因此她吃過的碗簡直就像洗過一般地乾淨！晚上即便再冷，只要有人走出房間上廁所、或替狗狗蓋被子，多多也都會起床歡迎主人，要等主人摸過她的頭了，她才會回窩裡去睡覺。

毛毛其實在多多小時很照顧她，但是後來發生過幾次打架事件，雙方都掛彩，後來因為多多體型較大、佔了優勢，毛毛開始節節敗退，甚至演變成兩人一碰面就看彼此不順眼，我們認為此風不可長，所以就讓多多一人住日式房、將她與毛毛區隔開來，但是接下來就要處理許多的問題，包括多多要上廁所時，也需要把毛毛特別隔開。因為家人都有工作，有時候課程排得不好，就要輪流回家讓多多下來可以「放尿」，沒想到多多也體會到家人的辛勞，待在日式房時會極力忍「尿」，忍到主人回來的時間就以迅雷不及掩耳的速度跑到後面去「解決」人生大事！她與主人配合的情況真是已經「自動化」了！主人開日式門→多多衝到後門處→尿

尿（或便便）→衝回來讓主人擦拭腳底與臀部→跳上日式床
→主人關門→主人出門，這些動作都很快完成。但是到了冬
天，多多可就辛苦了，她擔心會忍不住尿在日式房內，所以
也不敢喝水，等到主人回來放她去尿尿前，她才敢喝許多
水，真是難為她了！

　　但是即使多多與毛毛交惡，當毛毛因為聽到大車引擎驚
慌、鑽到日式房與多多共處一室時，她們卻不會因此而打
架，多多可能也同情毛毛的問題、不再落井下石。其實多多
沒有所謂的「地域觀念」，她的房間是每個人都可以去，只
是她知道日式房是「她」的房間，所以她比較喜歡待在那
裡，也會把許多她認為「屬於」她的東西往她的房間搬。有
一回我抓了三個相同的娃娃，一個給多多、兩個放在二妹房
間，但是多多去二妹房間玩時，看到一模一樣的娃娃，竟然
就在沒有經過主人允許的情況下，自己「偷偷」叼回房間，
後來我們發現、笑不可仰！原本在樓下也有一個給多多裝玩
具的籃子，但是多多只要一下來玩，就會把玩具往她房裡
搬，沒多久籃內的玩具就空了！

　　我們罵不得多多，因為她會出現羞愧的表情，然後舔人
求原諒，讓人會覺得不原諒她簡直就不人道！曾經因為她不

分輕重，與毛毛大幹架，讓
毛毛受傷嚴重，所以我們用
塑膠狗鍊打過她一次，她當
時真是嚇怕了，也許未曾見
識過主人生氣，所以還發抖
得厲害！後來，她因此還自
閉了一陣子，才恢復正常。

毛小孩的心裡祕密

我們不知道多多竟然如
此善良、善體人意，她幾乎
就是一個「人脈廣被」的
狗。當她第一次目睹二妹為
大妹以氣功舒緩背部疼痛
時，還奮不顧身地以自己的
身體趴在大妹背上護主、同
時以乞求的眼神看著二妹，
那個舉動當然馬上就贏得大

多多有很豐富的表情，你瞧她好
像在說：「幹嘛又照我？」

妹的寵愛，覺得這隻狗狗真的好善良！也許多多以為二妹在
「打」大妹，所以為大妹求情吧！

　　只要主人說話的口氣稍稍嚴肅、或是大聲些，多多都會
以為主人生氣、或自己做錯事了，急急湊過來希望可以做一
些彌補的動作，那個慌張模樣真的很討人喜愛、也不忍心；
有時跟她玩，不小心被碰到或踩到，我直呼「痛痛」，多多
就會很緊張地舔我、乞求原諒。但是每個人都有自己的缺
點，多多自然也無例外，有時候她出門散步像是給主人交代
一般，不認真，隨便繞過習慣的散步路線就開始往回走，要
走遠一些的新路線，她就會「定格」停在原處、與主人有一
場拉拔戰，那種堅持連路人看了都覺得好笑！如果我說：
「來，商量一下。」她也會煞有介事地過來，把兩隻前腳搭
在我肩上，好像就是可以妥協的模樣，讓人哭笑不得！

獨處之樂

玩具多多

　　多多的玩具也很多，因為她與中中有重疊的四年，所以從中中那裡學會如何玩玩具。中中是我們家最會玩有聲玩具的狗狗，他還會變化不同的花樣與玩具頻率，而且有新的玩法一定會展示給主人看，主人如果鼓掌說棒，他會玩得更起勁！多多也就在這樣的觀摩學習中理解了竅門。

　　與中中不同的是：多多的玩具更多樣！除了塑膠有聲玩

具之外，她還有絨毛娃娃、球類、紙箱與狗狗骨頭。多多會跟我們玩傳接球，她是用鼻尖頂的，而且技術相當精湛、準頭也很好；如果沒有人跟她一起玩，多多還會自己娛樂自己、而且渾然忘我！有時候她會躺著咬玩具，彷彿玩具有生命一般，因為她還會對玩具生氣！她最拿手的應該就是「自投自丟」，把玩具丟來丟去、自己跳來跳去、自丟自接，還樂此不疲！而當玩具玩膩了的時候，多多就開始玩自己的睡墊或被子，因此我們幾乎每天要為她重新鋪被子，邊鋪當然邊罵，但是她老姐可是好整以暇，在一旁冷眼旁觀、好像不關她事一樣！

多多是一個「搖頭族」，因為她老愛把玩具咬著、努力左右晃動，因此有些玩偶缺手缺腳，我們還得替它們縫捕回去。多多最拿手的應該是替娃娃脫衣服，穿了衣服的布偶娃娃是她的最愛，從圍巾、帽子到身上衣物，多多都可以用她的牙跟爪子，讓布偶娃娃「一絲不掛」！每次一有新的玩具，多多就會開始想法子與玩具互動，她也喜歡有聲玩具（像有玩具裡有機制、壓某個地方就會出現聲音），不小心促動聲音就會玩得更起勁！後來我們也發現多多竟然也可以玩自己的衣服！因為我們在冬天或天冷的時候會替狗狗們穿

多多是家裡擁有最多玩具的狗狗，她在自己獨有的日式房裡十分自在。

上衣服，多多竟然可以咬衣服玩，禁止幾次、處罰過後，她才收斂一些。

雖然多多也愛新的玩具，但是她也有她的「最愛」，我們也發現她對自己最先得到的米奇非常喜愛，常常會去玩具箱裡翻出來玩，即便米奇已經缺手斷腳了、身上是縫縫補補的痕跡，她還是會記得它，我想多多是一隻懂得戀舊的狗狗

吧！因為有些玩偶是我去玩抓娃娃機帶回來的，所以有時候
二妹房間也有與多多相同的玩具，有一次二妹發現有個玩偶
不見了，後來竟然在多多房間找到兩個相同的玩偶，才知道
原來多多會將「像」自己玩偶的玩具「搬回」自己所屬房
間，後來又有一次發生同樣的狀況，二妹就「認定」是多多
「偷」的，還很生氣罵多多，多多就一副不知道怎麼得罪主
人的羞愧模樣、一直在乞求原諒，不久二妹在自己房間找
到，才知道錯怪了多多！

毛小孩的心裡祕密

多多喜歡玩具的主要原因之一可能是因為寂寞，因為她
與毛毛有過節、常常打架，所以我們才將多多限制在日式房
裡，她可以看到其他狗狗、其他狗狗也看得到她，但是就是
不能靠近彼此！當然也可能因此少了互動機會，彼此更不熟
悉、敵意也可能越深！既然孤單，就只好自己想辦法過日子
了！玩具就成為多多解悶的方式。

多多玩玩具極具創意，她可以有不同的玩法。有時候她
會邀請我們跟她玩，不是把玩具丟出日式房，就是守候在玩

具旁邊等待，看有沒有人發現、願意陪她玩一會兒。雖然我們對她的「自娛娛人」很感動，但是其實也心疼她的孤單。幸好她只是與毛毛不合而已，至少還可以跟奇奇玩，也因此她特別疼奇奇、喜歡跟奇奇一起散步。有一種遊戲他們玩久了也不膩，就是當一起去後面上廁所之後，先完成的就等候在門內，當第一隻狗狗進來時，就用嚇一跳的方式希望給對方一個驚嚇，我們在一旁看了覺得很無聊，但是他們卻樂此不疲，這個「無聊遊戲」從中中以降，無一例外！我有時候想：人們說「過狗一樣的生活」，表示生活無趣的意思，如果狗狗還不能盡情玩，那不是更無趣了？他們從玩耍中獲得生活趣味，我們當然樂見！

創造
生活樂趣

等候家人回家

　　狗狗的生活很單純也很單調，成為寵物之後，他們的生活重心似乎就是等待主人回來。有時候我在打電腦，如果把房門關著，就不時會聽到有狗狗在我門前巡邏，因為我會聽到濃重的呼吸聲，彷彿在探測我是否在裡面活動。一打開門，我就會看到多多等候在日式房間門邊，頭朝我房間的方向，看到我就頻頻搖尾巴，毛毛會驅前走近、然後想辦法鑽

進我房內，奇奇則是睡她的大頭覺。

　　只要樓下有開門聲，所有的狗狗幾乎就提高警覺、豎耳聆聽，仔細分辨進來的人是不是家人？平常上班日，他們對於每個人回家的時間似乎也拿捏得很準確，我相信他們是分辨得出主人個別的腳步聲的。如果確定是主人，他們就開始準備迎接的動作：多多就朝著大門的方向坐著，奇奇與毛毛就守候在門邊、而且開始吠叫，當裡面的門有鑰匙開鎖的聲響了，多多就加入吠叫的行列！主人一進門，多多就將前腳搭放在門的楞隔上，奇奇與毛毛就搖尾等候，主人踏進門，奇奇與毛毛就爭著要主人撫摸，多多的叫聲更著急了！一定要等主人摸過了所有的狗狗，吠叫聲才會停止，而多多還要親到主人才算數。然後毛毛就開始在屋內來回奔跑表示她的興奮，多多一見此狀就會大叫叫毛毛停止，而奇奇就去追毛毛、偶而來個小小偷襲動作。我看到家裡每天上演這些戲目，又不忍苛責他們，畢竟生活的確也無太多新鮮事，他們可以這麼找樂子也不是壞事，只是苦了我們樓下的鄰居！

　　狗狗一天之中最重要的幾件事就是：等候、吃飯、散步。如果這天天候不佳、或是主人太忙太懶，不能去散步，就等於是剝奪了他們一天的樂趣之一！狗狗們也喜歡放假

日，因為他們可以跟主人有較長時間的相處，主人也較會花
心思在陪伴的功夫上。偶而載他們出遊，奇奇就表現得像識
途老馬、十分鎮靜，她會乖乖坐在靠門邊的位置、頭朝外
望，很努力在欣賞風景。毛毛則是躲在椅子旁，動輒換位
子、連踩到主人也不管；中中則是偶而窩在主人身邊、或是
探頭去看風景，要不然就是睡大頭覺。多多會暈車，而且經
過了多次的訓練、還是沒有多大的改進，主人得要抱著她、
手上準備一條大毛巾，隨時擦拭她流出來的口水，如果她的
嘴角已經開始有泡沫出現就表示她開始暈車了，必需要停車
讓她下來走走！毛毛喜歡爬樓梯，而且堅持散步的路線必需
一樣；奇奇可以走遠路，但是她唯一的毛病就是喜歡聞聞嗅
嗅，有時候還要「鷹爪功」、緊趴在地上不願移動！中中則
是喜歡爬山、探險，喜歡自己去找新的路線；多多則是「喜
新厭舊」，不喜歡走舊的路線，但是有時候也會堅持自己帶
頭去走新的路線，如果主人不願意，她就會在街頭跟你演出
一齣「抗拒」的戲碼、不肯讓步！

毛小孩的心裡祕密

因為等候是狗狗的天性，因此我們都儘量找機會陪伴他們，可以跟狗狗一起去散步，不僅可以紓解他們的壓力、也讓主人與狗的關係更親密，而且我們也可以藉此運動一下。我們常常因為帶狗狗散步，也因此結識了不少愛狗人士，大家聊起狗經來就像在說自家的小孩一樣！

我有時候會想：不知道狗狗在等待主人回家的時候在想些什麼？他們是不是也會擔心「怎麼還沒回來？」或是「他們是不是忘記我們了？」也許因為我不喜歡等待，認為很浪費時間，所以才會有這樣的想法吧！

找出問題
根源

柯南篇

我們小時候因為姊妹人數眾多，所以都擠在一個房間，
後來母親花錢做了新式馬桶、是利用以前的豬寮搭蓋起來
的，也另外建了一個木製小房間、外牆是用空心磚圍起來，
我與二妹就很高興地把一張舊床拉過去、很高興想要住下，
因為對我們來說是一個很大的空間，主要是可以有自己的房
間。雖然這間房距離家裡的主屋有一段距離、而且是在廁所

旁，但是我們都不介意，因為門外就是哈利在駐守、我們很放心。

姊妹倆很高興地準備在新房間過第一個晚上了，一切都準備就緒、我們也把自己的被子拿過來了，雖然聽到門外唧唧的蟲鳴有點吵、但也是很幸福！然而才過一會兒，我們就發現有蚊子，於是就去找蚊香來點，蚊香點了一陣子、好像沒有甚麼效果，因為真的被咬、很不舒服，後來索性穿了襪子上床，但是卻很不平靜，因為我們雖然沒有聽到蚊子的吵聲、那種癢卻一直持續！

早上醒來發現襪子上都是黑點，大人們說是跳蚤，我們才恍然！因為這間房是用三角板搭建、底牆下不是實心，而哈利睡覺的地方就在那裡、與我們貼牆而臥！找出了原因之後，我們才趕緊去洗澡、洗衣服，那種癢痛是過了一陣子才消失！但是我們想到哈利每天跟跳蚤為伍，他更癢更痛，我們才學會幫哈利定期洗澡。當我們替哈利洗澡的時候，他是先有抗拒、可能是因為從來沒有過這個經驗，後來我們開始替他搓揉身體，他就發出舒服的低鳴，後來我們跑去大河邊游泳也會帶著哈利一起去，他的泳技真是一流！

慢慢地，我們才學會要替哈利抓跳蚤，但是不能制止他

去草叢裡玩耍，因為那是他的最愛、也是他愛好自由的天性。也因此我們也開始與獸醫有接觸，慢慢從獸醫師那裡學會如何照顧狗狗。

毛小孩的心裡祕密

我們當時不知道怎麼照顧狗狗，所以也就讓他們吃人吃的食物，平常像放牧一樣讓他們自由行走，他們自己會回來吃飯，然後偶而跟狗玩，我們以為這就是養狗人家的寫照，殊不知一旦將狗狗納為家中的一份子，就必須負起照顧他們生命與生活起居的責任。哈利讓我們開始學習這一項功課。

我不記得哈利是怎麼來到我們家的？他其實與我們在一起的時間也不長，但是也是我記憶中開始有狗狗加入我們生活的起點。養了雄雄之後，我們才比較懂得照顧狗狗，也知道要按時帶他們去施打疫苗，狗狗們的生活品質也開始有所提升，最重要的是我們對於生命的奇妙很驚訝，也更珍惜每個生命經驗。

人性之惡

狗屎事件

　　我們家養狗、隔壁的嬸婆家也養狗，兩家的狗都沒有綁起來，但是每天早上叔公（嬸婆的丈夫、祖父的弟弟）掃天井、都會掃到狗屎，而他就「認定」是我們家凱莉的傑作。我們因為被阿公罵了，所以就把凱莉綁在廁所間，雖然我們很明白凱莉一直有很好的如廁習慣，她都會忍著、讓我們放她去菜園便便。但是叔公沒有這個想法，也不相信我們這些

小孩子的話。我們很無奈、只好把凱莉綁起來，阿爸安慰我們說：「沒關係，反正凱莉要生了，不要讓她出去跑也比較好。」

　　已經把凱莉綁起來了，叔公還是在早上掃到狗屎，還堅持認為一定是凱莉的，我們為凱莉辯說、但是叔公根本不理會，還對我們罵髒字！這天早上，我們在迷迷糊糊的睡夢中聽到狗狗哀叫的聲音、是凱莉！大妹拉起窗戶、卻被迎面而來的掃帚把差點戳到眼鏡，接著就是一些細細碎碎的狗屎屑（我們後來才知道），小弟開門要去一探究竟，大妹也跟著出來、卻猝不及防地被一百多公斤的叔公壓倒、摔在地上，我們看到的是叔公重重的身體橫坐在大妹身上、掃帚柄還頂在大妹脖子上，阿爸出來了，看到叔公的子媳在一旁、雙臂環抱在胸前、一付看好戲的樣子！阿爸這才邊跑邊叫：「你們不把他（叔公）拉走，我就告你們傷害！」叔公的子媳才怏怏地過來拉人。

　　一陣慌亂之後，我們去看綁在廁所的凱莉，她的屁股流好多血、有很奇怪的東西流出來，身上有傷痕！凱莉的孩子胎死腹中，八隻快要出世的小狗就這樣沒了！凱莉自己吃了胎衣，我也忘了後來小狗是怎麼處理的。我只是覺得悲哀，

而我現在卻還可以感受到凱莉的痛！

　　凱莉的死胎之後，我們還是綁著她，當然叔公的「狗屎」還是照掃，但是我們這些孩子們的心上卻有許多的不解與悲哀。我一直記得凱莉舔胎衣的情形，那是一個母親深深的痛！

毛小孩的心裡祕密

　　這個狗屎事件也是我們家孩子共同的創痛經驗，我們當時已經沒有母親，承受「沒娘的孩子」的污名，而凱莉成為他人攻擊我們的一個箭靶，更讓我們心痛！後來爸還將凱莉送走，我們更覺得人生的無奈！凱莉是一個好媽媽、好狗狗，她對自己的命運也是忍辱負重、默默接受，我記得凱莉失去愛子的眼神，還有她願意犧牲自己、換取兒子雄雄留在家裡那一刻的表情，當時我覺得人類好生慘忍！我們只是因為母親離家出走、卻受到鄰里的欺侮與差別對待，讓我們深刻感受到弱勢的處境，而這個經驗也讓我們家的孩子在後來特別能夠同理其他弱勢族群的境遇，也願意協助。這件事情甚至影響到我之後對於狗狗結紮的想法，因為許多醫師都會

將母狗做結紮,較少針對公狗,這其實就是一種「性別歧視」,連人類對動物都是如此,何況是對人呢?

生命意義
與精彩

爬山狗

　　九五年六月二十五日那一天，我們送走十六歲半的老狗
中中，那天也是二妹生日過後的一個禮拜。之前兩天，中中
精神體力還很好，儘管身上有兩處仍遭受褥瘡之痛，但是他
仍極力想要好好練習走路，我們也順他的意、協助他完成這
項困難的工作。對中中來說，近兩週以來，行動上已經相當
不方便，尤其左邊後腿，幾乎是處於癱廢無力的狀況，但是

他從來沒有放棄過，因為他沒有放棄，我們更沒有理由放棄！

　　中中的一生非常精采，他幾乎是許多活動都有參與，不僅跟著家人爬過台北附近的許多山（觀音、大屯、七星等），而且也走過許多地方，以前是以機車方式載他去兜風，後來是用汽車遊車河方式，他都適應良好！中中雖然比小型犬大一些，但是體力驚人！像他跟著主人爬觀音山，許多人都無法像他那樣持續下去，但是他可以一氣呵成，連去爬山的人都讚嘆不已！只是途中二妹停下來買飲料、他就在一邊等，後來出發了，他沒有注意、跟著人潮走，過了好一會兒，才發現主人不在身邊，二妹也很著急，回頭找狗，果然就在賣飲料攤販附近找到！原來他就走回原來失散地點、等在那裡，真是很聰明！只是爬一次山，他的體力耗損很大，聽二妹說他下山的時候、四隻腳都因為體力透支在發抖，但是下一回爬山，他還是樂此不疲！

　　中中很有領袖架勢，可能也是因為他的傲氣，我們也是第一次養到這麼有主見的狗狗。與中中相處的十六年時間，我真的認為他是會跟我溝通的，因為他都會表達自己的意見。在他因為洗牙、麻醉引發中風之後，他等於是在生死邊緣徘徊了好一陣子，獸醫師問我們是不是讓他安樂死，但是

我們決定帶他回家想辦法。因為半邊身體不能動，他幾乎是每天晚上都哀嚎，後來才知道他是因為一邊腳麻了、要我們替他換個姿勢！同時妹妹們也替他作了氣功治療，每天要拍打，這個過程十分痛苦，但是中中都忍受過來了！我記得以前中中若覺得身體不適，他就會用身體去磨蹭主人，二妹或大妹就會以氣功替他拍打，因此中中其實很清楚氣功對他的好處。每天的拍打加上正常作息，中中真的開始慢慢恢復，他可以自己行走之後，每天晚上大家都入睡了，他就開始走路復健，總是要走到自己累翻了才停止，我們明白他的焦慮，也不忍阻擋他、只能協助他，每天晚上我們輪流睡在外面，為的就是就近照顧中中。當然其他狗狗的作息也受到影響，尤其是奇奇對他更不假辭色，這一點令我們很難過，因為奇奇等於是中中自街頭救回來的，她怎麼可以這樣忘恩負義？反而是毛毛對中中生病比較同情，還會用關懷擔心的眼神看著中中，而多多更是只要主人起床就會跟著起來，偶而聽見中中發出聲音、也會好奇探看。

就在中中開始復元的時候，他竟然開始長褥瘡，醫生也告訴我們只要他可以活動、褥瘡就容易好，所以我們三不五時就會替他變更姿勢，沒想到一處褥瘡快好的時候、又發現另一處

有新的褥瘡，我們還很樂觀，但是後來他的腹水出現、也不吃東西，我們心裡就有了譜，前後不到兩天時間，他就過世了。

毛小孩的心裡祕密

中中是我的兒子，因為我的房間就是他的房間，他也當我是媽媽，但是我承認我是一個很寵孩子的媽媽，就像癩痢頭的兒子還是自己的好一樣。雖然這中間我有幾年出國不在家，但是他還是很念舊，我一回國他就搬回來跟我同住一間房。每天早上他會叫我起床，也會熱情招呼，我們的感情就像母子。

因為仔仔過世時的情景讓我很傷痛，所以我告訴自己如果中中往生，我希望把他抱在懷裡、告訴他我很愛他，也謝謝他、讓他好好去。中中過世當天，我的確也這麼做了，也擔心他會留戀不去，所以我要他不要牽掛。中中過世前三天，好像可以預知自己的死亡，所以有一天早上他竟然可以半撐著身體、顯得意氣風發，家人還特別替他照了幾張相，中中竟然也可以擺出姿勢、讓家人為他最後的身影留下紀錄。我們現在看到那張照片會很感慨，因為那是他努力為自己留下的生命見證！

趨避衝突

傻大姊

多多今年兩歲,但是已經是二十多公斤的身材,當時是二妹出國前,學生自學校附近超市前撿回來的一隻小小流浪犬,本來沒有打算養下來,但是卻因為沒有人可以將她帶回去照顧,二妹就只好帶回來。沒想到一養就養這麼大!她從一歲起就開始吃減肥食品,到現在食量還是很大,可能是因為她有狼犬血統的緣故,是屬於運動型的狗狗。

　　帶多多去散步，發現她常常被人誤解，因為身材龐大，所以被誤為「男性」、甚至「具攻擊力」，但是一旦與她有進一步接觸的小朋友，都會知道她的善良。她其實只是「大狗身材、小狗心智」，像是俗稱的「傻大姊」。

　　多多的個性真的很好，她就是那種「與人為善」的狗狗，這一點同仔仔很相似。但是毛毛卻對她懷有莫名的敵意，多多忍受毛毛很長的時間，毛毛會用不同方式去挑逗、欺負多多，多多都是採用逃避策略，因為她知道我們家的狗狗一向是和諧相處，但最後她仍然不堪毛毛的騷擾，忍耐到達極限就爆發了，她與毛毛第一次「槓上」，兩個都掛彩，第二次之後毛毛就屈居下風，但是毛毛依然不明白自己已經居於劣勢，還無知地作勢挑戰，後來我們發現她們只要稍稍不留意就可能發動劇烈戰爭，主人前去勸架都會遭到池魚之殃，所以決定將她們作適當分離。偏偏一隔離之後，她們倆又會特別想念彼此，所以讓她們一起玩一陣子之後，卻又因為莫名因素打起架來！搞得全家雞犬不寧！也因此我們只好將她們做分隔，多多就在日式隔間、毛毛同奇奇在一般空間活動。

　　多多是一隻善良的狗，她的個性很可愛，也不與人（狗）爭。她剛來的時候，還只是一個月大的娃娃，但是很快就發

現自己在家的地位最低，因為她發現所有的狗兄狗姊都有自己的「座位」（我們家的狗與主人平起平坐，所以他們的位置是在沙發上），只有她沒有，後來她發現有個小藤椅好像不特別屬於誰的，於是就「決定」去「搶攻」。其實多多根本不必搶，因為沒有人會「屑於」那個位置─既小、又不舒服，但是對多多來說就是一種「歸屬」、「窩」的感受。隨著時間流逝，多多也長大了，那個小藤椅已經無法容納她的體積，但是她還是堅持跳上那裡去，好像只有那裡可以讓她覺得安全安適，後來是因為她真的擠不進去了，我們也擔心她受傷，所以就把藤椅藏起來，她也發現藤椅不見了，有一陣子很焦躁，所以我們就讓她可以佔住另一個沙發，而人呢？當然就委屈一點啦！

　　有狗狗不舒服、或是主人的心情不佳，多多都可以感受到，而且會主動關心，她關心的方式就是去舔人家，但是當她在舔完狗姊或狗兄之後，再過來安慰主人，那個感覺就會有點怪怪的─同樣是那個舌頭，所以我有時會迴避，她還真不死心，會尾隨過來，直到完成她的安慰任務為止！多多的善良，連個性很孤僻的中中都可以消受，這是我認為很了不起的地方，也證實了她的「狗緣」甚佳！

多多喜歡去逛街時,進入便利商店「晃」一下,只要經過便利商店,她就一定要進門去,我們起初不知道為什麼?後來推想可能是因為她是在便利商店被遺棄,所以有本能想要回到原來地方找主人。也許狗狗們都有過他們的創傷經驗,多多是在便利商店被遺棄,仔仔可能是被主人以機車方式載了丟棄,而雄雄則擔心再度被母親遺棄、與母親分離。

毛小孩的心裡祕密

多多秉性善良,雖然體積很大,可是卻極為天真。多多與仔仔有許多相似的地方,長相與個性都若合符節,也因此會惹我們特別疼愛,好像就把對仔仔的愛轉移給她。從多多「搶位子」、企圖奠定自己在家的地位,也是很有趣的事,她先是從觀察開始,然後慢慢有行動跟進。狗狗以「觀察模仿」的方式來學習的地方很多,他們也有自己獨特的地域觀念,但是因為我們人類不懂他們的語言與智慧,其實都是做一些猜測而已,也許狗狗的智慧要比我們高出許多哩,只要我們不是用人類評估智力的方式。基本上狗狗是天性良善的,也因此主人的訓練就很重要。我們樂於去欣賞不同狗狗

的特性，認為他們本性善良，也因此我們從他們相對的對待中，享受到許多的酬賞與溫暖。

怪「腳」
──自得其樂

　　多多是一隻很討人喜歡的狗，但是她也有一些很奇怪的舉動，比如當她知道吃飯時間到了、主人正在準備，她就會開始去玩她的玩偶、表示她的高興與興奮，但是當飯準備好時，多多就會用鼻子去碰撞她床上的電扇，而且屢試不爽，有時候電扇還會因此而倒下、發出砰然巨響！我們阻止過不下數次，她還是舊習依然。也許她認為電扇阻擋了她看到主

人的視線，也許她只是在催促主人餵飯的動作。很有趣的是：多多吃飯非常有規矩，她會從碗的左邊或右邊開始吃，按照順序地慢慢往旁邊移，而且吃得十分乾淨俐落，簡直就像洗過了一樣。狗狗吃完飯後，通常就是上廁所時間，這時多多就會守候在門邊，看奇奇與毛毛去如廁；我們後來發現多多其實還有其他目的—看別的狗狗有沒有把飯吃完。因為等到該她如廁了，她會先去別的狗狗的飯碗那邊「巡視」，如果有剩下一些，她就「順便」替對方解決；有時候我們看見她還會鑽到客廳椅子底下去找其他狗姐妹吃剩的零食，真不知道她為什麼這麼清楚，而且幾乎可以用「快、準、狠」來形容─動作快速、判斷準確、而且叼了就跑！

　　多多雖然與其他狗狗一樣，對於食物有特別的喜好，但是她不挑食、也不會一直跟主人要，這一點與以前的仔仔或中中大不同！仔仔跟中中會一直在主人身邊守候，但是多多不會，她等了一陣子就會覺得自討沒趣，然後就去睡覺、或是玩自己的玩具了。

　　由於多多自小幾乎都是跟主人一起睡，所以每當我回家去，她就會「認為」自己有「義務」，一定要陪我們睡，可是她在半夜或是清晨時光，又會把我們吵醒，我們以為她要

上廁所，後來她卻引我們到別的房間，原來她不想得罪任何人，想要以輪流的方式陪伴不同的主人，真是難為她了！後來為了避免她的困難、也減少我們睡眠不足的問題，只要半夜不是因為尿急，我們就會叫她「回去睡覺」，她也很聽話，不敢再來「麻煩」我們。

　　只要多多一出門，就會引起路人的關注，其實她只是一隻「混血狗」，體材壯碩一些而已，但是路人覺得她很可愛，尤其是小朋友都會想要摸她；我們為了避免任何意外，如果小朋友堅持，我們就會先安撫多多，在她也同意的情況下讓小朋友接近她。別看多多這麼壯碩，她其實對於其他同類是很陌生、害怕的，有時候去公園玩，會碰到其他狗主人帶著寵物，其他的小狗可能會來找多多玩，但是多多都是逃開、一副避之唯恐不及的模樣，我們也覺得很頭痛。偏偏多多又有點自戀，因為我們常常說她「可愛」或「超級可愛」，結果她就以為「可愛」是她的「別號」，跟她走在路上，只要有任何人說出「可愛」，她都會回頭、以為別人叫的是她！

　　多多不喜歡洗澡，但是她身上也沒有什麼「狗味」，反而是只要主人洗完澡、經過她的房間，多多都要湊近來聞一

聞、甚至舔主人，也許她喜歡香噴噴的味道吧！我記得第一次替她洗澡，她在浴室鬼哭神號，好像是我們虐待她，真是冤枉！後來經過時間的洗禮，她也發現洗完澡後家人會特別疼愛她，所以目前情勢逆轉，洗澡變成她的專利，還不准別的狗狗靠近！只是我們知道多多鼻子其實很過敏，只要空氣中有一點點刺激的味道或是香味，多多都會連打好幾個噴嚏，有時候帶她出去、聞到較為奇特或刺激的味道，她就噴嚏不止，連路人看了都覺得很好玩！我的鼻子也很敏感，偶而同她去散步，聞到同一個「過敏原」，兩個「人」就會同時打噴嚏，引起家人或路人哈哈大笑！

多多會把玩具「擬人化」，她是說：「喂，換你啦！」

181

雖然我們說「不能玩食物」，但是每每給多多一些狗零食，她不會立刻就吃掉，而是跟零食玩一陣子之後才食用，她玩零食的模樣就像玩玩具一樣認真可愛，整個身體仰躺、還會發出快樂的聲音。多多也是我們家會聽懂「親親」的狗狗，只要主人下達口令，多多也會去親奇奇或是親我們，看到奇奇害羞又快樂的表情，我們也覺得很好玩。

毛小孩的心裡祕密

多多的許多奇怪習慣與行為，我們已經見怪不怪，只是看到了更多的人性與個殊性。其實就像人一樣，也有自己的癖好與習慣，只要不影響日常生活的運作，這些都可以接受。多多其實很「認份」，她不會奢求自己能力以外的東西，也很能自得其樂。也許多多之所以這麼討人喜歡，就是她的親切與努力，以及可以自娛的能力，對主人來說就是一個很好的夥伴。多多的「人性」可能有時候發揮得比我們更多，像是她與毛毛算是「宿敵」，但是當毛毛因為驚嚇、躲到她的日式房間時，她也不會藉機報仇，反而會同情毛毛的處境；有時她會目睹毛毛聽見大卡車聲時的驚恐慌亂，多多就會叫

主人出來、或是一直在一邊吼叫安慰毛毛，等主人出來處理、若是毛毛稍微穩定下來，多多才停止吠叫。連主人心情不好，多多都會意識到，而且她會使盡各種讓主人分散注意、或是改換情緒的招數，要不然就是舔得你無法招架！連一向不喜歡狗狗的老爸也受到多多的感化，在多多的溫情攻勢之下，老爸也會與多多做互動，所以多多也對老爸的心情有很大助力！

同理心的
極致

忍術

　　因為多多曾經跟毛毛有多次交手經驗，隨著多多的成
長、以及她的壯碩體型，毛毛其實已經不是她的對手，但是
白目的毛毛依然會無端挑戰，造成自己傷痕累累，有一回幾
乎斷送了生命！也因此我們必須做出痛苦的決定，必定要將
她們分開，所以最後就將多多的活動限制在日式房內，毛毛
則是可以隨意在屋內走動，這對多多來說當然不公平，但是

卻是傷害最輕的處置。因為日式房是以木格子門隔開，她們可以彼此看見、卻無法接觸，所以可以互相作伴，但又不造成傷害，只是自此她們卻養成一種習慣，只要放下多多去上廁所，毛毛一定在另一邊大叫，好像在宣示什麼；或是相反地，將毛毛自廁所放出來，多多就會挑釁大叫。但是問題來了，家人上班時，多多的屎尿問題怎麼辦？首先當然是安排彼此上課課程的時段，可以跟同事調的先做，不能的就要另外想辦法，有一學期大妹每週三還必須要在上午第三堂下課之後，直接驅車回家放多多尿尿，然後馬上趕回學校上課；多多似乎也明白主人的苦處，只要看見主人回來，二話不說就很配合往屋後走去，很快解決「大事」，然後擦腳、上床，一切都相當順暢。但是下個學期情況又有所不同，家裡人的上課時間不能配合得更好，結果我們就發現多多會在有人在家的時候多喝水，一旦發現有人出門，她就寧可忍住不喝水，可能也擔心自己忍不住「自然的呼喚」吧？我們當然很擔心她因此生病或是膀胱出問題，只是目前還沒有更好的辦法，怪不得多多最喜歡寒暑假了，至少她不必發揮忍術、憋屎尿過久。多多也因此特別會察言觀色，只要主人著外出服，要求她去上廁所，她都會很配合；我有一回要趕回南

部，把行李拿出來，然後打開她的房門，雖然她在十分鐘以前已經去尿過，但是我告訴她：「拜託妳去便便！」她在門外走了幾分鐘、看看我，我又提醒一次，她就努力擠出一些成果做為交代。這樣的表現，真是讓你不得不疼！

多多其實也愛好和平，很少去惹事生非，毛毛在她小時很照顧她、她也記得，而當毛毛向她挑釁的時候，她是先躲開的，直到無法忍受才會與毛毛正面衝突；多多走在路上，不太會去理會其他的狗狗，可能她不認為自己是狗，也可能是她和平的天性。多多在家時，很喜歡奇奇，叫她去親奇奇，她會過去舔，也喜歡趁奇奇如廁回屋內時，同她玩追逐的遊戲，奇奇要是煩了，就會用低吼恐嚇她，她就會知趣走開。

知道要吃飯，多多就會開始一連串的「儀式」，先是自己去玩具箱挑玩具，然後開始玩，還會仰躺在褟褟米上滾動，彷彿將玩具當成朋友，接著她會找比她體積還要大的玩偶咬，一直到把許多玩偶都玩一遍了，如果此時她聽到攪拌狗食的聲音（意味著將要餵飯了），她就會用鼻子去頂床上的電扇，嘴裡發出嗚嗚撒嬌聲，然後乖乖坐著，等主人把食物放在她專屬的椅子上。我們不知道她這一套儀式是從哪裡得來的靈感？只是覺得很有趣！有時候發現她的儀式「未完

成」，我們還會提醒她，她就會去做，真是不可思議！

多多是我們家的超級可愛大寶貝，她的撒嬌功力真是無人能及！因為她會怕寂寞，所以每到晚上就寢時間，就會固定去二妹房裡睡；只要一早起來，她就會跳上床，緊緊依靠在主人身上，用爪子撥主人討摸摸，主人可不能摸兩三下敷衍，因為她會用爪子抓著主人說「還要」，要讓她滿足了才可以說「起床了啦」，多多才會願意跳下床去，我們最保守的估計，她的撒嬌時間至少要持續十來分鐘。有時候週末假日，她會先起床，然後也要我們起床，我們如果要多睡一會兒，就跟她說「回去睡覺」，她也聽得懂，乖乖回她的床上。多多是一個禮貌週到的狗，主人回來她都要一一招呼，以前更小的時候，連半夜看到主人出來尿尿，她也都會起身招呼，才回去睡覺，連寒冷的冬天也不例外，這一年她變得懶了，半夜少了這個動作，我們就不滿意。前一陣子，多多突然有摩臀部的動作，後來有一天二妹回家卻發現多多的日式床上有大堆鮮血，真是嚇壞了！趕緊帶她去看獸醫，結果是臀腺發炎，獸醫說多多是忍了多久才出狀況？以後要注意多多的體重，這樣對她的健康較好，所以我後來就會逼多多去散步，但是多多通常是走了一段就不願意再繼續，我們倆

就常在路上或街上演出「拉拔戰」，她會用全身的力氣趴在地面上、賴著不走，我也會等待、希望舒緩緊張氣氛，要是再過一會兒、她還是堅持不動，我就會用拖的，我拖、她拉，演出一幕滑稽戲，而路人也會駐足觀看，此時就需要跟她「商量」，但是有時候可以成功、有時候卻不一定，還得要看她老大姐的情緒而定。

毛小孩的心裡祕密

對於多多的「忍術」與「配合度」，我們很佩服，但是帶有更多的不忍，因為這幾乎是違反常理的行為，我們也擔心她因此受到傷害。可是都是家裡的狗狗，萬一不能好好相處，就只好想出對策來，只是很難想出兩全其美的辦法。多多的撒嬌功力也是非常厲害，很少看到一隻狗跟主人這麼親，我們也是希望趁此彌補一下她每天被侷限在日式房的不自由吧！

狗狗與主人的互動，就是他們的「依附」需求，就像人類一樣，也需要與人親近、彼此取暖。與狗狗的互動，不需要特別，就只是做自己可以做的，因為狗狗都會加倍回報我們。

行為背後的
目的

安安的加入

　　安安是一個長腿姐姐，當初是從汐止的市場裡看見她的。我與媽在逛市場時，看見一位中年女士抱著一隻狗、沿途詢問有沒有人想要收養？後來我就趨近去詳問，知道她與一位夥伴收養流浪犬多年，也努力替每一隻狗狗找家，她說因為安安已經四個多月大，被收養的機率變很小，因此就採用這樣的方式，希望有心人士願意協助。因為那時候，毛毛

與奇奇已經年老，而多多似乎也缺乏玩伴，於是就決定先收留。後來詢問二妹，她也有意願，於是我就坐著計程車，帶著新來的狗狗到淡水二妹家。

那位收養流浪犬的陳小姐也很謹慎，先詢問我們有無養狗的經驗，以及我們是以怎樣的方式養狗的，最後還留電話給我，說萬一不能持續養狗，可以將狗退回。我感受到陳小姐的確是個道地的愛狗人士，也感於她對生命的負責，因此願意協助。幸好二妹已經飼狗有年，在各方面都能夠讓狗狗生活健康無虞。

安安的加入，受到直接影響的是毛毛。毛毛有天生的母性，即便她已經邁入老年、眼睛看不清楚、行動力也差了，但是安安會靠在毛毛身邊睡覺，毛毛就會即足力氣、照顧安安，也讓安安在進入新環境時，可以有個依附對象、不會覺得不安。也多虧毛毛願意體諒，安安才不會因為奇奇的拒絕而受傷。毛毛在安安身邊陪伴了半年多才過世。

毛毛過世是很突然地，二妹說那一天毛毛進入二妹正在使用的浴室，彷彿是向她告別，然後就優雅地趴坐在地上過世了，安安過去用鼻頭碰觸毛毛，卻沒有得到毛毛往常的回應，似乎十分焦慮。因為要將毛毛的遺體送往獸醫處做處

理，安安卻不捨得毛毛的離去，一直盯著毛毛、還企圖要跟著毛毛的遺體走。

隔幾天，我們去二妹家，她敘述毛毛過世的情況。翌日一大清早，安安就來房間舔大家的腳，媽被干擾無法睡覺，就斥責安安。後來我才想到：因為安安每天都會去碰觸毛毛，現在毛毛不在了，她也許在擔心家裡人是不是也會像毛毛一樣、不理會她了？所以才有這樣的動作！連續幾天都是如此，我們才更了解安安的心情。

多多本來是自己有一個日式空間，因為她之前與其他狗狗會有衝突，後來毛毛與奇奇相繼做了天使之後，對於安安的討喜，多多也有不平之鳴，因此還是讓她們在不同的空間活動，如果多多要上廁所，安安就必須要去房間躲一下子。經過了這些年，多多也已經習慣安安的存在、了解安安不會威脅到她的地位，所以現在兩「人」可以和睦相處，也就不需要隔開。

安安之前被訓練得很好，所以很循規蹈矩，連吃飯沒有主人的口令，她也只是盯著飯碗、不敢躁動，偶而二妹還會故意逗弄她，假裝忘記叫她吃飯，安安真的就一路尾隨二妹、試圖想提醒她，卻又無法表達，換作是中中，一定是又

叫又跳、引人注意他的需求。安安是最聽話的狗狗、也很黏
人，跟著二妹走上走下，有時候還會引發多多的醋意。不
過，安安的以身作則，讓我們也看到了多多的改變，多多開
始有效仿的行為，原來即使是老狗，也可以學會新花樣！

　　安安與其他狗狗的不同在於：通常狗狗都是在主人回到
家時吠叫，安安卻相反，她是在主人要離家時吠吼，彷彿是
不捨得分開，總要主人說「妳要乖乖，我們很快就回來。」
才會由吠叫轉為低鳴，我想狗狗都有分離焦慮，只是輕重
不同而已。

毛小孩的心裡祕密

　　安安從小被訓練，因此養成許多的好習慣，也讓我深深
感受到小時候養成的習慣，的確影響人很多，甚至可以決定
一個人的成功與否。

　　安安的加入，讓我們減少了對失去毛毛與奇奇的傷痛，
她的體貼與單純，可以撫慰人心，也因此年長的多多會起而
效法。有時候我們覺得多多似乎是有點「太自我」，像是她
散步都會堅持自己想要走的路線，但是安安讓她做了一些

改變，後來也願意與安安和諧相處、不去計較自己的位階與年資。

我雖然是把安安帶回來的人，她一路隨著我從汐止到淡水，後來在我膝上睡著，我原以為她會記得我，但是後來去二妹家拜訪，她似乎都忘記了我們有過的曾經，不過只要時日一久，她還是記起來了！安安的學習慢了一些，可是學得很扎實，如同人類的學習一樣，只要有心就不怕不會！

安安的單純忠懇，讓我們很放心，也許因為家人與人互動都是真誠懇切、不願意與人計較，所以才與安安的契合度這麼深。我們在安安身上看到許多的良善與安慰。

存在意義

生死大事

　　我們送走雄雄，那種椎心之痛還在，我會譴責自己的不小心，雄雄是因為我的疏忽而過世，接著是仔仔，雖然是在雄雄走後多年才發生，讓我見識到狗狗步入老年之後的情況，很感謝他們願意陪我們走人生的一段路。中中後來中風，是在帶他去麻醉洗牙之後，當時他就表現怪怪地，後來獸醫師還用針灸的方式協助他站立，只是拔針時沒有算過到

底扎了多少針，導致他返家之後，總是過一陣子就哀哀叫，我們只好為他換姿勢，是二妹後來才發現他的臀部還有一針未拔、才會有這樣的不舒服！我覺得我們做主人的真的太不小心了！

儘管中中的左前腳有些不方便，但是他很努力做復健，只是他也可能有失智現象，總是大白天睡覺、晚上起來練習走路，當時我們也不太清楚中中的情況，以為他只是中風的後遺症，所以會輪班在夜裡協助他走路、避免可能的碰撞或受傷。當時我們也發現毛毛比較能夠忍受偶而被中中碰撞或吵醒，她都會以憐憫的眼神望著中中，但是奇奇就會發出怒吼、驅趕中中。除了晚上輪班照顧中中，二妹還會用氣功協助中中，因此他恢復得很快，只是後來受褥瘡所擾，可能因為已經十六歲了、免疫力降低，最後來是躲不過命運的安排。

那一天早上中中似乎有點不對勁，我緊急敲二妹的房門、要她替中中「打一打」氣功，後來二妹發現中中的肚子脹脹地，我餵他吃飯時他似乎也沒有胃口，後來他想吐，我就起請大妹來幫忙，但是他就一下子癱軟、過去了。有過之前送走狗狗的經驗，這一回我較鎮定，口中念著希望他一路好走，也謝謝他來我們家陪伴我們，深怕他不放心。中中走

後，奇奇就變得很黏人，她會在我們餵其他狗狗藥時湊近來，希望可以紓解我們的悲傷。對我來說，中中的過世，就像養了一個上高中的孩子突然逝去一樣，許多的美麗記憶都浮現腦海，卻讓人忍不住悲悽！上一回仔仔過世時，我就希望自己可以抱著他，幸好這一回中中大去，我是把他抱在懷裡的。

　　毛毛早奇奇一個星期來到我們家。她們從最早的玩伴、到後來不睦，卻還是可以相處，至少天氣冷時還會互相依偎。毛毛晚年，眼力還好，也很願意走動，只要帶她出門，她都會努力走路，也因為這樣會引發較懶惰的多多跟著走，即使到最後生命階段，毛毛還是可以一次走近一個小時的路，她的毅力的確讓人望其項背。毛毛走後一個星期，奇奇也離開了，這對姊妹花的淵源還真是奇特！

毛小孩的心裡祕密

　　曾經有人問我：養狗又送狗離世是很難過的，而這些傷痛怎麼不會阻止我繼續養狗？其實我發現狗狗帶給我們的生活樂趣多過傷痛，最重要的是讓我們的生命有不同的姿彩與

意義。狗狗雖然不會說話，卻是主人的好夥伴，許多老人家在子女離家獨立之後，就飼養寵物作伴，他們也發現：有時候子女會背叛，但是狗狗不會！

有一位長輩一回到家就急著餵狗，負笈外地的女兒回來還很吃味地說：「我是妳女兒耶！妳怎麼只顧狗？」長輩回道：「我給妳一百塊，妳會去買東西吃，狗狗會嗎？」因為狗狗的生命與品質仰賴我們，所以我們不能輕忽啊！

仔仔晚年我每天都擔心他在我不注意時意外過世，因此每天晚上總會去撫摸他、確定他還在呼吸，他就會被我的觸摸所驚醒、呆呆看著我，也許他也擔心我的擔心吧！後來我會每天睡前告訴他我愛他，謝謝他的努力與陪伴，只是到最後一刻，還是忍不住嚎啕大哭、不能自己。狗狗們的生命故事，教會我寶貴的生命意義與智慧，我學會珍惜、感恩、及時說愛，這些都是他們給我最棒的禮物！

附錄：
失去的好友

　　這一天康康回到家裡，發現沒有看見每天會習慣趕過來迎接他的仔仔，於是就四處去找，終於看到仔仔在飯廳的桌子底下、但是一隻腳被綁著。仔仔最近因為患了褥瘡，獸醫叔叔說是因為年紀大了、可能是坐的時間太長，加上仔仔的毛很長很多，所以就建議他們替仔仔擦藥之外，要注意替仔仔通風。因為褥瘡是長在仔仔的睪丸上，在處理上有點不容

易，因此要通風、只有讓仔仔平躺，但是仔仔不喜歡這個樣子。果然，媽媽進門時說：「因為今天帶仔仔去看了醫生，醫生發現仔仔褥瘡的情形沒有太大改善，所以只好把他的一隻腳綁著、這樣子他就不會一直摩擦到傷口，會早一點痊癒。」

康康看到仔仔呆滯的眼神，就去撫摸他、像以前一樣告訴仔仔今天學校發生的事。仔仔像以前一樣，很專心在看在聽，媽媽看在眼裡卻是一陣心痛。康康知道仔仔的聽力已經喪失了，連他自己的名字都聽不見了，加上嚴重的白內障，但是只要家裡人做手勢、仔仔都會有反應。前個禮拜，仔仔突然昏過去，爸爸媽媽急著把仔仔帶去獸醫師那裡，發現仔仔的白血球增加很多，所以就把仔仔留院觀察，但是仔仔一醒來、發現自己在陌生的地方，就使盡全力、鬼哭神號起來，醫生叔叔就打電話請爸爸去接仔仔回來，當時康康也跟著去，醫生叔叔還說：「仔仔也許很少離過家吧，所以他會擔心、也會害怕。」康康聽了直掉眼淚：「我也是啊！」醫師叔叔說仔仔的褥瘡如果是在十年以前，也許要治療很困難，但是現在醫學發達，狗狗患褥瘡可以治療，只是因為仔仔年紀大了，需要痊癒的時間會更長。

　　醫師叔叔對於仔仔算是很熟了，因為仔仔幾乎是跟康康一起進入這個家的，雖然仔仔當時已經快一歲了。媽媽在醫院待產的時候，爸爸有一天要去醫院看媽媽之前，看見人行道旁一隻肥嘟嘟的小狗，小狗一直跟著爸爸，爸爸就抱起仔仔、去問附近人家有沒有小狗走失了？因為附近人家都沒有走失小狗，又不忍心看見小狗在台北的冬夜裡挨餓受凍，就把小狗放在車上，自己先去醫院看媽媽。當天晚上，康康就出生了，而小狗的名字也是因此而產生的，意思是指「小兒子」。

　　康康說出的第一個字是「狗」。爸爸媽媽認為在康康出生這一天可以撿到仔仔真是緣分，由於他們都喜歡狗，所以一下子就有了兩個兒子！而康康的成長過程從剛開始就有仔仔陪伴。

　　仔仔十二歲，而康康將要過十一歲的生日，兩個人真是難兄難弟。只要有康康的地方就可以找到仔仔，仔仔睡在康康的房間，不過仔仔不會爬上床，這一點曾經讓康康很納悶，因為他好幾次叫康康上床陪他，仔仔都只是盯著他看、即使拍拍床做動作，仔仔還是堅持不上床，後來媽媽的解釋是說：「可能他以前的主人訓練他不能上床吧。」

「不能改嗎？」康康問。

「你可以試試看哪！」康康於是抱起仔仔往床上放，仔仔一下子就跳開了，這也許就證實了媽媽說的話。「他真是一隻很聽話的小狗。」康康說，以後也沒有再勉強仔仔上床陪他。

康康看到仔仔掙扎要起來，可能是要上廁所，就替仔仔的腳鬆綁，仔仔很感激地看著他，康康就扶著仔仔的後腳、協助他站起來，醫生說仔仔的後腳退化很快、或許是因為這個原因讓他的褥瘡復原較慢吧！現在家裡人發現仔仔要走動，也都要扶他一把，讓他容易站起來。爸爸也發現仔仔是一隻很有自尊的狗，他連生病上廁所都還要親自去做，有一回不小心尿出來了，還很抱歉地看看主人為他在做清理的工作。

康康看著仔仔上廁所，心裡有一種不安的感覺，但是說不出來。仔仔蹣跚進門之後，很費力地往客廳走，康康跟媽媽說先不要綁他的腳、讓他活動一下，媽媽也同意，就去廚房忙了。仔仔在走道上休息了一下，康康就問：「你要不要喝水？」媽媽從廚房喊道：「你給他喝一點糖水，醫生說他不吃飯就沒有體力，喝點糖水可以補充一下。」康康就去

準備了糖水，仔仔喝了，康康看了好高興：「媽媽，他有喝！」

「給他一些狗食，也許會吃哩！」媽媽說。

康康急忙去拿了一些仔仔最喜歡的狗食過來，但是仔仔沒有動口，他就餵了一粒、放進仔仔口裡，仔仔沒有吃、只是楞楞看著康康。康康覺得很奇怪：「他沒有吃。」

然後仔仔好像又要走動了，康康就扶他的後腿，仔仔往客廳方向走，看到他最喜歡的墊子就仆下去，但是那個動作好奇怪，仔仔的表情好像空空的，康康大叫：「媽媽！媽媽！」媽媽趕過來，看了一下子，就替仔仔闔上眼睛然後說：「仔仔過世了。」

康康突然大哭：「不是不是！趕快打電話叫獸醫！」他自己就去撥了電話，對方接了，康康就說：「醫師，仔仔、、、仔仔、、、、。」

媽媽接過電話，告訴醫師發生的情形，然後請醫師告訴康康。康康在抽泣一陣子之後，就開始把今天回家看到仔仔所發生的一切一五一十地說了出來。媽媽站在康康身邊、抓著他的肩膀。

電話後來由媽媽接過去，她問的是如何安排仔仔後事的

情形。康康蹲在仔仔的屍體旁，摸著仔仔一動也不動的身體，眼淚一直流出來。

　　爸爸本來打電話說要慢一點回來，但是因為家裡出了事、所以也就提早回家了。一進門發現仔仔躺在那個他最喜歡的墊子上，很難過地流出眼淚來。媽媽就娓娓道出今天發生的事，爸爸說：「我們要記得仔仔是一隻很棒的狗、很好的朋友，我們很高興有他。」

　　接下來，大家就一起為仔仔整理一些遺物，媽媽也說明了要怎麼處理仔仔屍體的事，也徵詢康康與爸爸的意見，他們一致決議要把仔仔火化，而且三個人都要參與送仔仔走最後一程。

　　大家的晚餐不僅吃得晚、也都吃得很少。本來爸爸不想讓家人更傷心、不要媽媽再提仔仔的事，可是媽媽堅持，甚至說：「我們今天就是要讓仔仔知道他在我們的生命中是多麼重要，帶給我們好多好多數不清的快樂！」於是媽媽自己領先說了那次爸爸撿到仔仔的故事，她說當她發現自己一下子有兩個兒子時，那種喜悅與興奮，當她在三天後回家第一眼看到仔仔的時候，她說：「我就馬上愛上他了！他真的好體貼！」爸爸本來不想說，但是後來還是說了，他說他帶仔

仔去散步的時候，有時候都會偷偷躲起來、看仔仔有甚麼反應，但是誰都唬不了仔仔，只要他發現爸爸不在身邊、就會很著急地去找人，而且一下子就找到！讓爸爸後來都不敢玩這種惡意的遊戲！

康康說有一次跟媽媽賭氣不吃飯、關在自己房間裡生悶氣，結果仔仔就跑進跑出、很忙的樣子，媽媽笑出來了：「仔仔跟我們都是好朋友，所以他一個也不願意放棄，我也看到他一直往我的房間跑，原來他是擔心我們、所以就兩邊都照顧到！」

「真的啊？」爸爸說：「你們怎麼沒有告訴我？」

媽媽還提到有一回偷懶，因為要帶仔仔出去運動，所以就改了散步、要載仔仔去兜風，結果仔仔大哭大叫、活像是被打得很痛的樣子，連鄰居的老伯伯都問了：「妳怎麼打狗？」媽媽後來把仔仔放下車，發現他去抓家門，媽媽才突然想到：會不會是以前仔仔的主人就是這樣子用機車把他丟掉的？後來把這個心得與爸爸分享，爸爸還說：「妳的懶，勾起了他這麼痛苦的回憶！」媽媽說著說著眼淚就噗簌簌流出來了。

康康在上床睡覺之前，還去客廳看了仔仔，仔仔躺在那

裡、身上蓋了一件媽媽替他放上去的小毯子，康康俯下身去、抱了仔仔的頭一下：「仔仔我愛你，你在那裡也會是一隻好狗狗。」但是康康上了床，許多的回憶又回來了，他睡不著，又把床頭燈給弄亮了。爸爸經過的時候，敲門進來看：「睡不著嗎？」康康點點頭，「我恐怕也會睡不著。」爸爸說：「不過，你知道嗎？我在仔仔活著的時候，沒有機會抱抱他、跟他說再見，今天晚上我會希望夢見仔仔，然後我可以抱抱他、跟他說再見。」

「可是，仔仔真的會出現嗎？」康康問。

「我相信如果我禱告。」爸爸說。

康康入睡前雙手合十，低聲地跟上天禱告，他說：「我不知道仔仔去哪裡了，媽媽說也許是上帝那兒，爸爸說沒有關係你都會知道。所以我希望今天晚上我在睡著以後，可以夢見仔仔。爸爸說他要抱抱仔仔、跟他說再見，我也要看到仔仔，看到仔仔健康的樣子。我以前也對仔仔不好，我去上跆拳道的時候，回來很累，沒有理仔仔、也比較少跟他玩；還有上一次過年的時候，我在學校跟表姊他們玩，仔仔跟在旁邊我還踢他、說他很討厭、、、」康康哭起來了、用棉被悶住自己的頭，好久好久之後才平靜下來。

　　第二天晚上，康康一家人就帶著裹在小毯子裡的仔仔去獸醫那裡，由爸爸一路上抱著、媽媽開車。媽媽說她很怕屍體，所以就由爸爸抱著仔仔，在車上康康一直很怕看到仔仔，但是他的手一直放在包著仔仔的毯子上。他問爸爸有沒有夢到仔仔？爸爸好像很不想說話，但是回了康康一句：「我待會兒跟你說。」車子在獸醫院前停下，獸醫師走過來，接過仔仔，然後就把仔仔帶去裡面。獸醫師說明了仔仔善後的安置，在媽媽跟獸醫師談到仔仔過世前的情景時，康康忍不住又哭了，爸爸也很難過。

　　爸爸後來回到家，告訴康康他夢見仔仔的事，他說仔仔好像在半空中、正好讓他可以很輕鬆地抱住他，他跟仔仔說了再見。康康後來說到前一天晚上睡不著，想到自己對仔仔不好的地方，心裡就更難過。媽媽把手放在康康肩膀上：「我想仔仔不會在意，因為他會記得我們在一起的好。你記不記得仔仔的好？」

　　康康點點頭。

　　「所以囉。仔仔會原諒你。」

　　媽媽後來還給康康的老師打了電話，談到家裡仔仔過世的事，媽媽也希望老師可以幫忙康康度過這一段難過的時光。

「我可以做甚麼？」老師問。

「也許跟他談談寵物、還有有關失去的事情。」然後媽媽也跟老師提到在家裡與康康曾經有過的對話、還有一些關心的議題。

很巧的是，那天上課時，教室裡突然飛進來一隻麻雀，麻雀緊張得要找路徑飛出去，卻奮力一頭撞上玻璃、跌了下來，同學們因為這件意外事件吵成一團的時候，老師突然想到一個點子，於是就帶著全班同學走去校園，為這隻意外死亡的小麻雀舉行葬禮。老師分配同學有的人去為小麻雀挖墳、準備墓碑，還有去找一些鮮花野草要用在祭祀典禮上。大家分頭去工作，不一會兒就都就緒了，老師請康康擔任主祭人、負責為小麻雀說一些祝禱詞，然後有同學負責把小麻雀的屍體埋入已經挖好的墳裡，接著每位同學可以把自己準備好的物品獻給小麻雀、也可以送給小麻雀一句話。整個典禮花了二十多分鐘才結束，老師帶領同學進教室，跟同學談今天發生事情的經過與感想；康康在席中也談到了仔仔過世的事情。

下課的時候，周立凱走過來，對康康說：「我不知道仔仔死掉了，我上次還說他很醜很胖。」

　　康康看著周立凱：「沒有關係，仔仔已經原諒你了。」

　　回到家以後，康康告訴媽媽今天學校發生的事，媽媽很仔細聽完，關於康康對周立凱說「仔仔已經原諒你」的事，媽媽很感動，認為康康這件事處理得很好。而對於老師可以這麼協助康康做一些悲傷的工作、也覺得很欣慰。

　　今年過年前幾天，爸爸告訴康康一個消息，說獸醫先生那裡又有一隻撿到的流浪狗，這隻流浪狗是狗媽媽因為難產死亡、留下的孤兒，獸醫就問康康的爸爸有沒有意思要再養一隻小狗？爸爸就詢問康康的意見，康康考慮了一下、不能立刻做出決定，爸爸就說：「沒關係，不急著現在就做決定。」

　　「我只是不知道自己會不會像愛仔仔一樣愛新的小狗。」康康後來跟爸爸說。

　　「我瞭解。」爸爸說：「我也不能把仔仔馬上就忘掉，而且我也擔心自己看到新的小狗、可能就會想起仔仔。不過，還是等你決定了之後，我們再跟獸醫叔叔說。獸醫說小狗還會留在那裡一陣子。」

　　康康把仔仔的許多照片都拿出來，準備把它們做一些整理。因為相片上面都有年代日期，所以他可以看到仔仔在他

們家慢慢長大的樣子，許多照片都已經年代久遠，但是是康康第一次這麼仔細看、也按照日期先後排列，媽媽也在忙完自己的工作之後來幫忙，兩個人談了好多有關仔仔的事情，康康最高興的是媽媽會告訴他一些他不記得的故事，比如說康康跟仔仔搶狗食吃的事情，康康聽了好高興，還問道：「仔仔有沒有很生氣？」

「我看不出他生氣。」媽媽說：「我想他可能覺得莫名其妙的成分比較多吧！」

當然，許多康康與仔仔一起拍攝的照片也證明了他們真是「哥倆好」，這一點讓康康覺得很安慰。

「也許，我們除了把仔仔的照片整理出來，還可以寫一些東西來懷念他。」媽媽提議說。

「自己寫嗎？」康康問。

「我們可以擬草稿，然後請爸爸用電腦打出來、也可以加一些設計，說不定就這樣子變成一本書哩！」

媽媽的這個想法得到爸爸的同意，於是大家就開始做一些工作，現在康康負責的是蒐集一些資料，從別人那裡知道多一些有關仔仔的故事，他也訪問了堂姐堂哥表姊表哥、還有小阿姨跟舅舅他們，才發現原來仔仔在他十二年的生命中

曾經發生這麼多故事、而且好多人都記得仔仔的可愛！爸爸利用電腦的技術，把仔仔的一些生活照都真實呈現，有的照片還可以說出一個完整的故事。而每每有新的進展，康康也會在班會裡說出來跟同學分享，有不少同學還會一直問他：「還有嗎還有嗎？」

　　過了一陣子，康康問爸爸小狗狗還在不在獸醫那裡？爸爸就打電話問了，沒多久新的小狗中中就成為他們家的新成員。仔仔過世一年，康康問了媽媽一個很重要的問題：「以後我會不會再看到仔仔？」

　　「你是說？」

　　「妳說仔仔是好狗狗，他會到天堂去對不對？我以後會不會也去天堂？」

　　「我相信天堂裡有仔仔、也有很多像仔仔的好狗狗，也有更多愛狗的人。」

　　「媽媽，死以後是甚麼樣子？」康康問。

　　「你覺得呢？」媽媽也有一時的錯愕。

　　「我以前很怕死，可是仔仔死的時候我不怕，我真的不怕，我只是很難過。我希望以後還是可以見到仔仔。」

　　「我也希望如此。」

秀威經典 　　　　　　　　　　　　新視野21　PE0085

狗狗心事誰人知
——心輔系教授的觀察筆記

作　　　者／邱珍琬
責任編輯／林千惠
圖文排版／莊皓云
封面設計／王嵩賀

出版策劃／秀威經典
發 行 人／宋政坤
法律顧問／毛國樑　律師
印製發行／秀威資訊科技股份有限公司
　　　　　114台北市內湖區瑞光路76巷65號1樓
　　　　　電話：+886-2-2796-3638　傳真：+886-2-2796-1377
　　　　　http://www.showwe.com.tw
劃撥帳號／19563868　戶名：秀威資訊科技股份有限公司
　　　　　讀者服務信箱：service@showwe.com.tw
展售門市／國家書店（松江門市）
　　　　　104台北市中山區松江路209號1樓
　　　　　電話：+886-2-2518-0207　傳真：+886-2-2518-0778
網路訂購／秀威網路書店：http://www.bodbooks.com.tw
　　　　　國家網路書店：http://www.govbooks.com.tw

2016年5月　BOD一版
定價：270元
版權所有　翻印必究
本書如有缺頁、破損或裝訂錯誤，請寄回更換

國家圖書館出版品預行編目

狗狗心事誰人知:心輔系教授的觀察筆記 / 邱珍琬作. --
一版. -- 臺北市：秀威經典, 2016.05
　　面；　公分
　BOD版
　ISBN 978-986-92973-0-1(平裝)

　1.犬　2.動物心理學　3.動物行為

437.354　　　　　　　　　　　　　105004742

讀者回函卡

感謝您購買本書，為提升服務品質，請填妥以下資料，將讀者回函卡直接寄回或傳真本公司，收到您的寶貴意見後，我們會收藏記錄及檢討，謝謝！如您需要了解本公司最新出版書目、購書優惠或企劃活動，歡迎您上網查詢或下載相關資料：http:// www.showwe.com.tw

您購買的書名：_____

出生日期：_____年_____月_____日

學歷：□高中 (含) 以下　　□大專　　□研究所 (含) 以上

職業：□製造業　□金融業　□資訊業　□軍警　□傳播業　□自由業
　　　□服務業　□公務員　□教職　　□學生　□家管　　□其它____

購書地點：□網路書店　□實體書店　□書展　□郵購　□贈閱　□其他

您從何得知本書的消息？

　　□網路書店　□實體書店　□網路搜尋　□電子報　□書訊　□雜誌

　　□傳播媒體　□親友推薦　□網站推薦　□部落格　□其他_____

您對本書的評價：(請填代號　1.非常滿意　2.滿意　3.尚可　4.再改進)

　　封面設計____　版面編排____　內容____　文／譯筆____　價格____

讀完書後您覺得：

　　□很有收穫　□有收穫　□收穫不多　□沒收穫

對我們的建議：_____

_____

_____

_____

11466
台北市內湖區瑞光路 76 巷 65 號 1 樓

秀威資訊科技股份有限公司 　　　收

BOD 數位出版事業部

....

（請沿線對折寄回，謝謝！）

姓　　名：_____　年齡：_____　性別：□女　□男

郵遞區號：□□□□□

地　　址：_____

聯絡電話：(日) _____　(夜) _____

E - m a i l：_____